猫脳がわかる！

今泉忠明

文春新書

1232

はじめに

猫と犬、どちらが人に愛されているのか？　これは永遠のテーマで、とても決着がつきそうもありませんが、日本においては、飼育頭数では犬がずっと上回ってきました。ところが、２０１７年、ついに猫が犬を上回ったと発表されました。

単身世帯の増加に伴って、犬ほど飼育に手がかからないとの理由で、猫を飼う人が増えていることも、その一因だといわれます。これを哺乳動物学者の私なりに言いかえると、猫の方が犬よりも自立性の高い動物だということになります。

第5章で詳しく述べますが、犬は猫よりも人と暮らすようになってからの歴史が長い動物です。その間、人による品種改良も盛んに行われ、ペットとして人との関係を深めてきました。それに対して、猫の方が犬よりも野生に近く、その分、自立性が高いのです。

しかし、そんな猫をとりまく環境も変わってきています。居住地域にもよるでしょうが、猫の完全室内飼いが一般的になり、近年、出歩く飼い猫を外で見かけることが少なくなってきました。ノラ猫の姿さえ、見る機会は減っています。そんななか、猫を小さい犬のような感覚で家に迎え入れると、激しく走り回ったり、時には攻撃性を見せたりする姿に、ギョッとする人もいるようです。

または、適切な飼い方をせず、頭数だけが増え続け、多頭飼育崩壊のような社会問題に発展するケースも耳にします。

いずれも、猫の生態を知らなすぎることから起きている事象ではないでしょうか。

猫という動物を解き明かすとき、ヒントとなるのが、脳科学です。ある意味、脳科学も引き続きブームの様相を呈しています。

スポーツでも、脳科学の観点からトレーニングやメンタル面の強化にアプローチすると、結果が出せる、というように、この情報過多の時代には、説得力のあるエビデンスが必要とされているんですね。

翻って、猫の脳についてはどうでしょう？　人間の脳ほど、研究されていないというのが、実情です。しかしながら、哺乳類の脳と考えると、判明していることは幾つかあります。

本書では、猫の脳のことを「猫脳」と称し、たんに脳の構造だけでなく、習性や猫が生きてきた歴史などからも考察していこうと思います。

50年以上前、哺乳動物学者としてイリオモテヤマネコの研究に携わりました。そのときから猫に魅了されている者として、よく考えるのは、猫の最大の魅力って何だろう？　ということです。稚拙な表現かもしれませんが、それは「生き物として恰好いい」ことだと思うのです。無駄がない、強い、独立心が高い、平和主義、愛情深い、気持ちの切り替えが早い、キレイ好き、他者との距離の取り方が上手、などなど。

人に近い動物のなかで、猫は本能が色濃く残っている稀有な存在です。長いこと人間の近くで共に暮らしてきたにもかかわらず、自らを曲げていないんですね。いわばブレない生き方ってやつでしょうか。

なぜ、自分の生き方を貫き通しているだけで、こんなにも人を惹きつけてやまないのでしょうか。本書では、その全貌解明を、猫脳を含むあらゆる視点から試みていきます。

第1章では、猫脳のおおまかな構造を、第2章では、脳に近い感覚器官について。第3章は、現代でも残っている習性を、第4章では、猫脳がコントロールしている感情全般について解説します。そして第5章は、人がどう猫と付き合っていったらいいのか、実例をあげながら考察していきます。

長年、猫の研究に携わってきた者からすると、現在の猫ブームにはいささか懐疑的です。可愛さばかりがクローズアップされている気がするからです。猫の魅力は単なる可愛らしさだけではない、その野性味、動物としての合理性、自立性なども大きな要素だと思います。

猫が好き、猫を飼いたい、というのであれば、生態を知ることから始めてください。単純に猫に興味があるという方でも大歓迎です。猫の本質を理解するには、猫脳の構造や、習性を知ることが肝要になります。

そして、猫という動物や生き方を理解することが、すなわち我々の行動や在り方を見直す機会につながる、と強く思うのであります。

猫脳がわかる！◎目次

第3章　猫脳が示す習性と行動

第1章　猫脳はこうなっている

人と猫の脳はよく似ている

猫の不思議な行動を目にして、いったい猫の頭の中はどうなっているのだろう？と思うことはありませんか？　あんなに小さな頭には脳も少ししか入っていなくて、もちろん人とは違うのだろう……と思う方もいることでしょう。

ところが猫の脳の基本構造は人とほぼ同じなんですね。そのため、猫の脳が人の脳の研究に使われていたこともありました。１９５４年にスイスの生理学者ヴァルター・ヘスが行った猫の脳への電気刺激など、とくに50年代に猫の脳を用いた多くの実験が行われた結果、人間の脳研究が進んだともいわれています。

基本構造は同じなので、猫の脳がどんなものか想像するとき、人の脳をベースに考えるとわかりやすいでしょう。脊椎動物の脳の機能は、大まかに三層構造になっており、第一層が脳幹、第二層が大脳辺縁系、第三層が大脳新皮質です（図１）。

図1　脳機能の大まかな三層構造

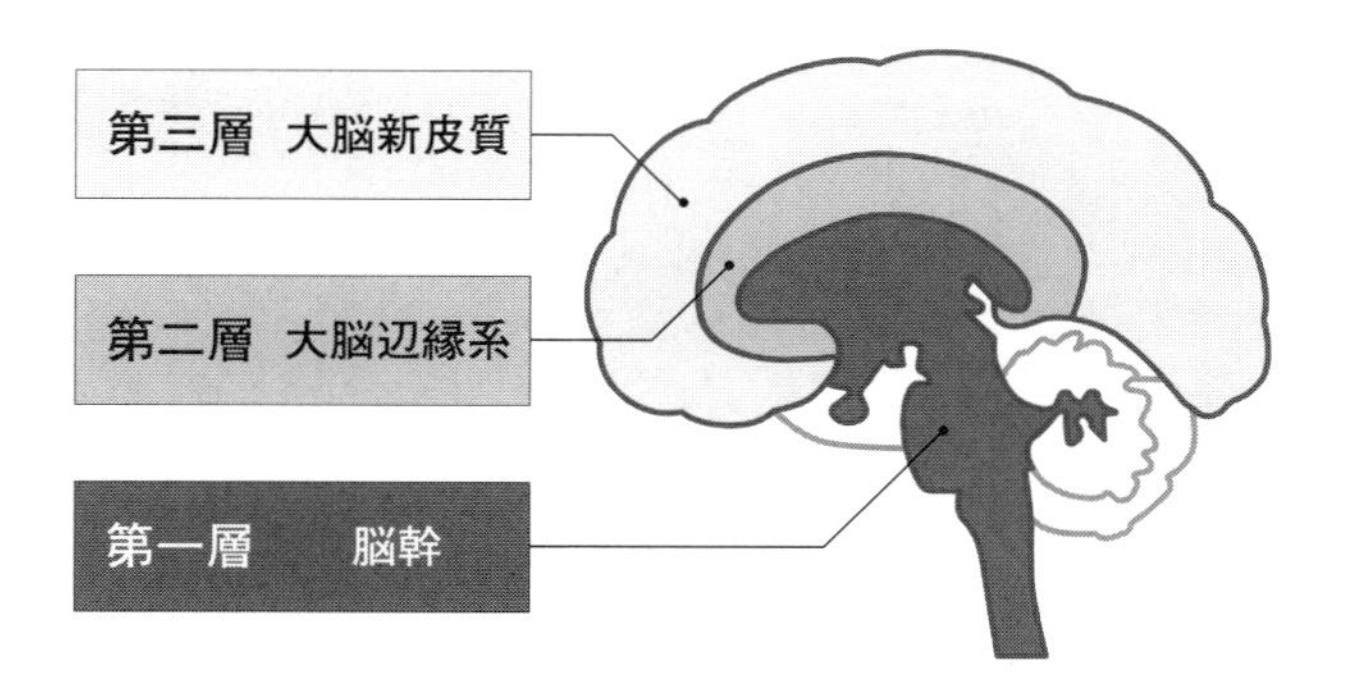

「うっすらある」大脳新皮質

第一層の脳幹は、文字通り脳の幹で、ここにある視床下部が体温やホルモンの調節をしていて、いわば生命の中枢です。第二層の大脳辺縁系は、感情をつかさどる部位で、本能や性行動などに関わっています。いちばん外側で脳の中心をくるむように広がる第三層の大脳新皮質は、思考全般をつかさどっています。

脳の仕組みは、人とさほど変わらない猫脳ですが、中身では一つ大きく違う点があります。それは、人間の脳でその多くを占める、大脳新皮質が猫は非常に小さくて発達していないところです。大脳新皮質とは、言語機能をはじめ、合理的な思考や倫理性など、精神活動に関わる部位で、ゆえに「人間らしさ」と関係する領域ですね。霊長類でとくに発達した部分で、理性の中枢、「考える脳」とも呼ばれます。

猫の場合は、この新皮質が大脳辺縁系を覆うようにうっすらとしかありません。ですから、大脳新皮質の発達の度合いからしたら、猫は物事を筋道立てて考えたり、高度な情報処理を行ったり、などは、物理的にできないと考えるのが自然でしょう。

ですが、人間らしさの象徴である大脳新皮質が「うっすらある」ということが見逃せない点でもあります。ないわけではないのです。近年、動物愛護の観点もあり、猫の脳の研究はさほど進んでおらず、まだ多くは解明されていないのですが、どうも猫を見ていると、理性があるような、何か合理的に考えているような節が垣間見えます。

そこは単に脳の仕組みだけでは説明がつかない部分もあるでしょう。猫脳に加え、猫が長年生き抜いてきたなかで培った習性や、生活環境と関連付けて見ていくことが、行動の謎をとくカギになります。

習性から猫という動物を理解するには、単独行動で生きてきた歴史が、すべてを物語っているといっても過言ではありません。そのことは第3章で詳しく説明しますが、さらに猫脳のメカニズムを知ると、より説得力をもって猫に寄り添えると、私は思います。

大脳辺縁系の割合が多いから本能行動が強い

脳のいちばん外側部分、別名「霊長類の脳」といわれる大脳新皮質の発達は、人より劣ると考えられる猫ですが、第二層にあたる大脳辺縁系は、脳に占める割合でみると、猫のほうが人より発達しています（図2）。

猫脳で多くを占める大脳辺縁系は、性衝動や情動（いっときの強い感情）に関わる場所です。動物の生存本能に深く関係し、「古い脳」「哺乳類脳」とも呼ばれます。この大脳辺縁系の中には、海馬や扁桃体などが属しています。

「海馬」については、耳にしたことがある人も多いかもしれませんね。そう、記憶と関係が深い部位です。そのあたりについては、のちほど詳しく説明しますが、すぐ近くにある「扁桃体」はどうでしょう？　海馬ほどメジャーではないかもしれませんが、この扁桃体という大脳辺縁系に位置する領域が、じつは猫が生き抜くうえで重要な役割をしているのです。なぜなら、扁桃体は脳の中でも不安や恐怖をつかさどる部位だ

図2　大脳辺縁系の大きさ比較
（濃い色が大脳辺縁系）

ウサギ

猫

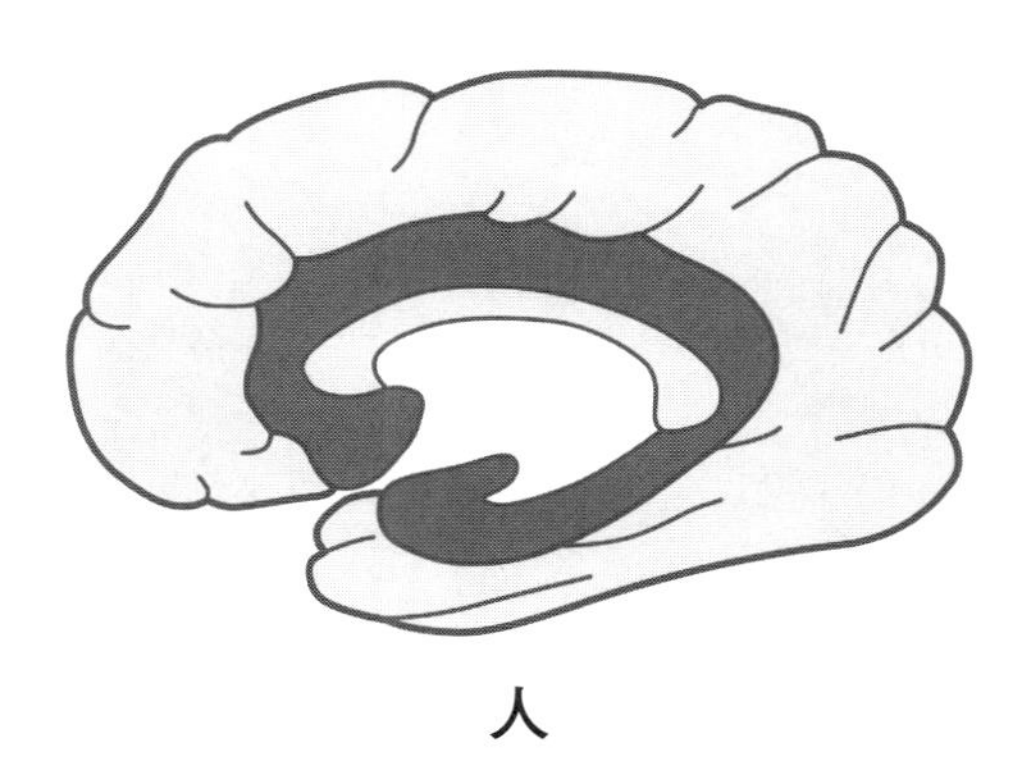

人

※「人間総合科学」（第５号）をもとに作成

からです。

たとえば猫があるニオイを嗅ぐとしましょう。するとその情報は鼻腔の奥にある嗅細胞がキャッチします。嗅細胞がある嗅粘膜は、脳内の扁桃体と直結しているので、情報は即座に扁桃体に送られ、安全か危険かを判断します。危険を察知した猫は、その場から瞬時に逃げることができ、自らを守る行動につながるのです。危険からいち早く脱するDNAに組み込まれた本能、すなわち生存本能は、動物として生き抜くために不可欠です。近年、恐怖などの経験は、新たにDNAに組み込まれ、子孫に遺伝するという説も出ています。その意味では、不安や恐怖に敏感に反応する扁桃体は、最も原始的な脳の一部ともいえます。

原始脳が強く不安や恐怖に敏感

人でも不安や恐怖、緊張といった情動をつかさどっているのが、この扁桃体です。たとえば強いストレスがかかると、この扁桃体が過剰に働き過ぎて脳内神経伝達物質セロトニン（いわゆる幸せホルモン）が低下してしまいます。そのため、うつ病やパニック障害などの疾患とも関連すると考えられている部位です。人でも猫でも恐怖を感じる根幹が扁桃体というわけです。

ノラ猫なら一歩近寄るだけで逃げてしまう、飼い猫なら知らない人が家に来るとすぐ隠れて出てこない。はたまたちょっとしたモノや音に反応して、必要以上に驚いたりする。そんな猫の様子を見たことがある人もいるでしょう。何気なく側に置かれたキュウリに気づいて飛び上がる猫の動画が話題になったこともありましたね。そのような行動から、猫は怖がりと思われているわけですが、これも「原始脳」が発達しているから。〝怖がり〟ではなく警戒心の強さ、反応の敏感さからくる行動なのです。

警戒心が強いということは、生存本能が強いという意味にほかなりません。さらに猫は、群れで生活していたわけではないので、自分で自分を守らなければならない生物として、危険を察知する本能がしっかり機能しないと、生き抜けなかったと考えられます。

猫が人に飼われていても、どこか野性味を残しているといわれる所以は、猫脳における扁桃体がしっかり働いていて、人と暮らす現在でも生存本能がちゃんと維持されているから、ともいえるのではないでしょうか。

扁桃体は一方で、愛着形成にも関与している領域です。前述したように扁桃体は、安全か危険か、つまり「快・不快」を判断しています。危険に敏感に反応すると同様、「安全＝快」も伝達するので、猫が喜ぶことを人が提供すると、扁桃体には安心感が埋め込まれます。それを繰り返すことによって、猫には人への愛着が育つと考えられています。人でいう母子間の愛着形成と同様、人と猫との間にも愛着形成が行われるのです。

猫と暮らしたことがないと、「えっ、猫って人に対して愛着がわくもの？」と思われる人もいるかもしれませんが、人とペット間の愛着形成は動物行動学の研究からも判明しています。

猫が人と情緒的な結びつきを持てる理由も、この大脳辺縁系が発達している猫脳のメカニズムによるもの、といえるわけです。

短期も長期も記憶できる猫

扁桃体と同じく大脳辺縁系に所属し、扁桃体のすぐ近くにあるのが、海馬です。海馬は記憶に重要な役割をしています。とくに新しい記憶が情報として溜められる場所が海馬です。そのため、アルツハイマー型認知症にかかった人の脳は、最初に海馬がダメージを受けるということがわかっています。猫脳にも、この海馬がありますので、当然ながらさまざまなことを記憶することができます。

記憶には大きく短期記憶と長期記憶があります。短期記憶は数秒から数時間などの間で覚えていられる記憶で、たとえば昼頃なら朝何を食べたかすぐ思い出せますよね。そんなふうに少し前に何をしたか、または、電話をかける直前に番号を覚える、などがわかりやすいでしょう。もっとも現在は携帯電話やスマートフォンなどの普及で番号をそらで覚えるなんてこともないかもしれませんが……。一方長期記憶は、自宅の住所や親しい人の誕生日など、何年も覚えていられるものをいいます。大雑把にいうと、そんな感じです。

なかでも猫は、短期記憶に優れていることが、ある実験結果からわかっています。それは、米国のミシガン大学で行われたもので、要約すると次のような実験です。

ランダムに置かれた箱のうち、ランプが点く箱にだけキャットフードを入れて、そのことを猫に覚えさせます。一定時間経ってランプを点けた時に猫がその箱に近づいていけば、「キャットフードが中に入っている」ことを覚えている、というわけです。

その結果、猫がキャットフード入りの箱を覚えていた時間は、なんと16時間だったというのです。同じ実験を犬でも実施したところ、ドッグフード入りの箱を覚えていた時間は5分だったそうですから、猫の短期記憶力がいかに優れているかがうかがえますね。とくに食べ物に関しては、頼るものがいないノラ猫にとって死活問題でもあるので、高い記憶力が発揮されるのでしょう。

デメリット、不快ほどよく覚えて忘れない

たとえば、缶入りのキャットフードのフタを開けるパカッという音を聞いただけで

猫の記憶力実験

猫が走り寄って来る、なんてことがありますよね？　それは、猫が「缶を開ける音＝食べ物にありつける」と関連付けて記憶しているから。はたまた、教えてもいないのにドアを器用に開けてしまう猫もいますね。それも、人がドアを開ける方法をじっと見ていて覚えたのだろうと推測できます。

どちらも猫自身にメリットがあることなので、より記憶しやすいのです。そのようなメリットと同様、デメリットも猫はよく覚えます。ある意味、メリットよりもデメリット、快より不快のほうが記憶しやすく、しつこく覚えているといっていいでしょう。

わかりやすい例だと、動物病院に連れて行こうとキャリーバッグを持ち出したとたんに愛猫が逃げ隠れして、捕まえられない……。猫を飼っている人は、そんな経験があるのではないでしょうか？　これも猫が「キャリーバッグ＝動物病院」と関連付けて記憶しているから。飼い主にとってみれば必要なことでも、猫にとっては怖い思いをしたという、強い負の記憶でしかないのです。

これらのメリット・デメリットの記憶は、どちらも前に述べた、長期記憶に分類できます。すなわち、猫は短期記憶力のみでなく、長期記憶力も充分優れているといえるのです。

もうひとつ、記憶力を証明する猫の行動に、パトロールがあります。猫は縄張りで生きる動物で、室内飼いの場合は、家の中が縄張りになります。一度でも出入りした場所や部屋は、覚えていて必ずパトロールしたがります。単独で生きてきた猫は、縄張りに何か異変があると命にかかわるので、少しでも自身が関わった場所はパトロールせずにはいられないのです。これは習性であるとともに、猫脳にしっかり刻み付けられた記憶でもあるのです。

繁殖行動を左右する視床下部

本章の冒頭で、脊椎動物の脳は三層に分かれていて、いちばん内側にある第一層が、脳幹で生命の中枢とお話ししました。ここは別名「爬虫類脳」とも呼ばれ、心拍、呼吸、体温、ホルモン、摂食、代謝などをつかさどっており、動物の生命維持に欠かせない領域です（図3）。

なぜ爬虫類脳かというと、進化の過程において第二層の哺乳類脳の前段階に当たるからです。爬虫類から進化してきた哺乳類ですから、当然といえば当然なんですね。第二層の大脳辺縁系を古い脳と記述しましたが、その意味だと脳幹は、「太古の脳」といったところでしょう。

呼吸をする、暑いと汗をかく、あるいはあえぐなどの行動は、人でも猫でも無意識に行っていますよね。こうした無意識で行われる機能の調整をしているのが、脳幹の視床下部にある自律神経です。人のストレスに関する記述でよく登場するので、ご存知の方も多いことでしょう。

自律神経には、身体の活動時に優位になる交感神経と、安静時に優位になる副交感神経があり、この2つが上手くバランスをとることによって、私たちは日々生きているのです。ところが過度のストレスや過労などで、自律神経のバランスが崩れると、全身の機能に支障をきたします。その状態を自律神経失調症といい、ある種の現代病として、罹患者が増加傾向にあることも、話題になっていますよね。

図3　脳の三層構造イメージ図

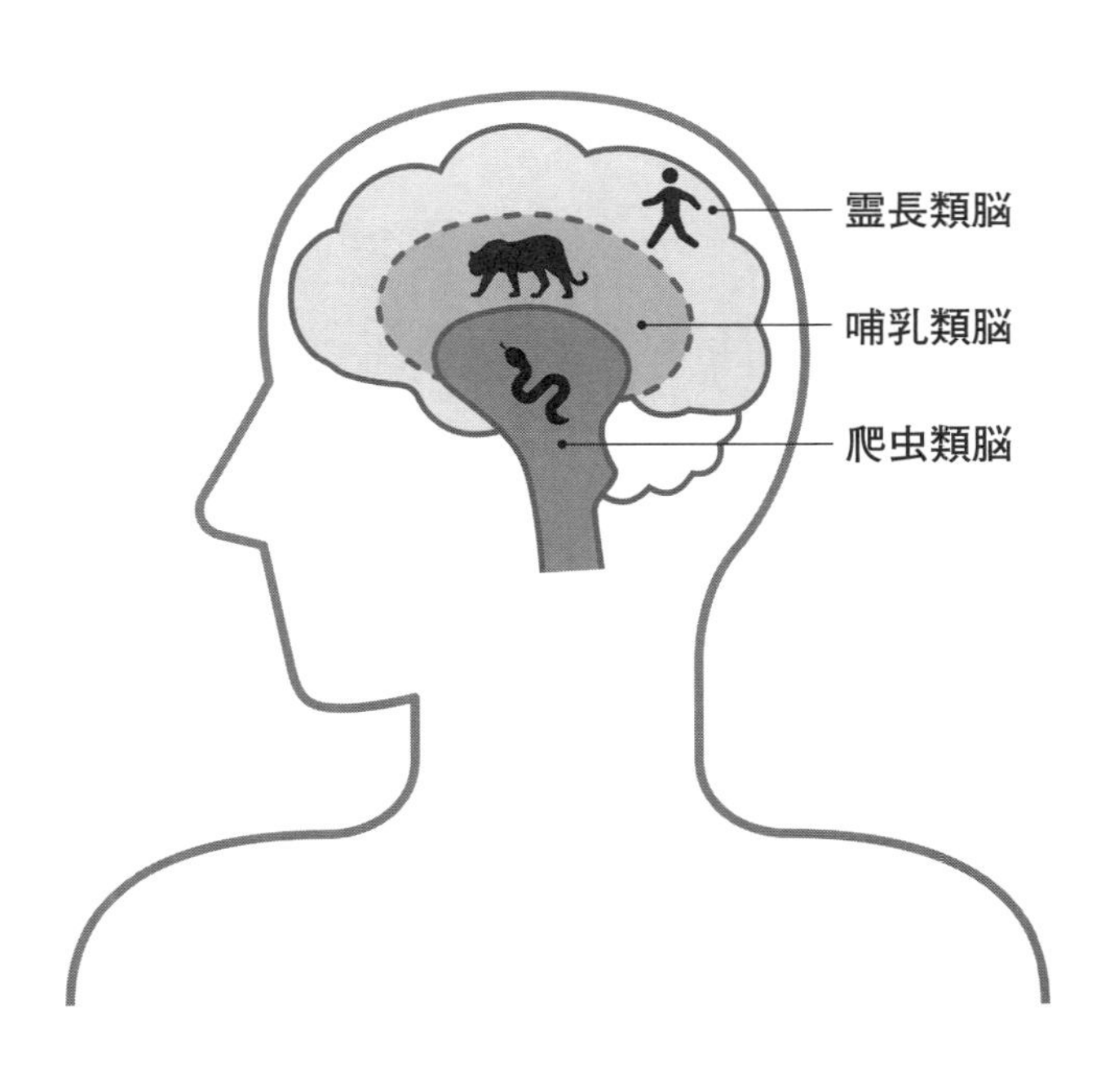

※PR TIMESの記事をもとに作成

なんとこの自律神経失調症に、猫もかかることがわかっています。病名は「猫のキー・ガスケル症候群」といい、１９８２年にイギリスで報告されてから広く知られるようになりました。症状も人の自律神経失調症と同様に全身に及び、食欲不振や便秘、体温調節ができなくなるなど、いろいろです。ただ、原因はまだ解明されておらず、したがって治療は対症療法が中心となっているようです。

前にもご説明しましたが、猫の脳の仕組みは人とよく似ており、猫脳には視床下部も存在しますから、猫の身体にも自律神経が通っているのは明らかです。その論理で考えると、猫も自律神経失調症にかかるのは至極当然なのでしょうが、「嫌なことはしない」ように見える猫がストレス性の病気にかかるのはなぜなのでしょうか？　いやいや、原因がわかっておらず、自律神経の乱れのみが解明されているのなら、ストレス性と考えるのは早計というものかもしれません。猫のストレスについては第５章にて解説しますが、猫の自律神経失調症については、今後の解明が待たれるところです。

季節繁殖を行う猫

脳幹にある視床下部はまた、種の保存にも重要な役割を担っています。子孫を残そうとする繁殖行動は、種が存続するために不可欠であると同時に原始的な本能行動でもあります。

発情したノラ猫の独特な鳴き声を耳にしたことがある人も多いと思います。「アオ〜ン、アオ〜ン」とまるで赤ちゃんがひどく泣いているような、なんとも激しい鳴き声ですね。「猫が苦手」という人に理由を尋ねると、このノラ猫の発情期の鳴き声が、結構上位にくるのではないでしょうか。そのくらい強烈です。まあでも年がら年中というわけではないので、我慢してください。猫は、人と違って季節繁殖を行う動物なのです。

季節繁殖と聞くと、「猫の恋」が俳句で春の季語として知られるように、春に発情しているというイメージが強いですよね?　ですが、猫の発情は春だけではありません。そして、発情するのはメス猫だけです。オス猫は、メスの発情期の鳴き声やその時期に発するフェロモンに影響され発情が誘発されるのです。

そして猫の発情は日の長さで決まります。一日の日照時間が長くなってくると、その変化を視床下部と接している脳下垂体が刺激として受け取ります。すると、生殖腺刺激ホルモンが分泌され、その作用で猫は発情期を迎えます。日が長い暖かい時期は餌も豊富で子猫を育てやすいために、季節を選んで繁殖するようになってきたのです。種の存続のためのもっともな戦略といっていいでしょう。

猫の発情は春から夏がピークで、不妊手術をしていなければ、年に2〜3回が平均とされています。

繁殖行動についても、第3章で詳しくご説明しますが、猫にとって一大事の繁殖をつかさどっている根幹が、脳幹の視床下部というわけです。季節繁殖を示さなくなり、秋でも冬でも発情する猫の場合、視床下部の異常が疑われる、とも学術書等で明記されていることが、猫脳における視床下部の重要性を物語っています。

お尻を高く上げるポーズは脳幹網様体賦活系が関与している

引き続き、脳の第一層内、脳幹の話です。視床下部を結ぶ神経群に「脳幹網様体」があります。わかりやすくいうと、神経の束です。神経線維が文字通り網の目のように交差していて、脊髄に向かう線維と、視床（嗅覚以外の感覚の中継地点）に向かう線維などがあります（34ページ、図４）。

この脳幹網様体は、大脳を刺激し、活性化する役割があります。脳幹網様体にダメージを受けると昏睡状態に陥ることがわかっています。が、じつはそれが解明されたのは、猫脳の研究がきっかけでした。

その昔、脳に関する実験に猫の脳を使っていたことは前にも述べましたが、１９４９年、イタリアの神経生理学者のモルッツィとアメリカの神経解剖学者マグーンは、まさに猫の脳のこの部位で実験をし、脳幹網様体が意識の覚醒をつかさどっていることを突き止めたのです。つまり、脳幹網様体が意識の賦活（活性化）や覚醒、睡眠と

図4　脳幹網様体・中脳の位置

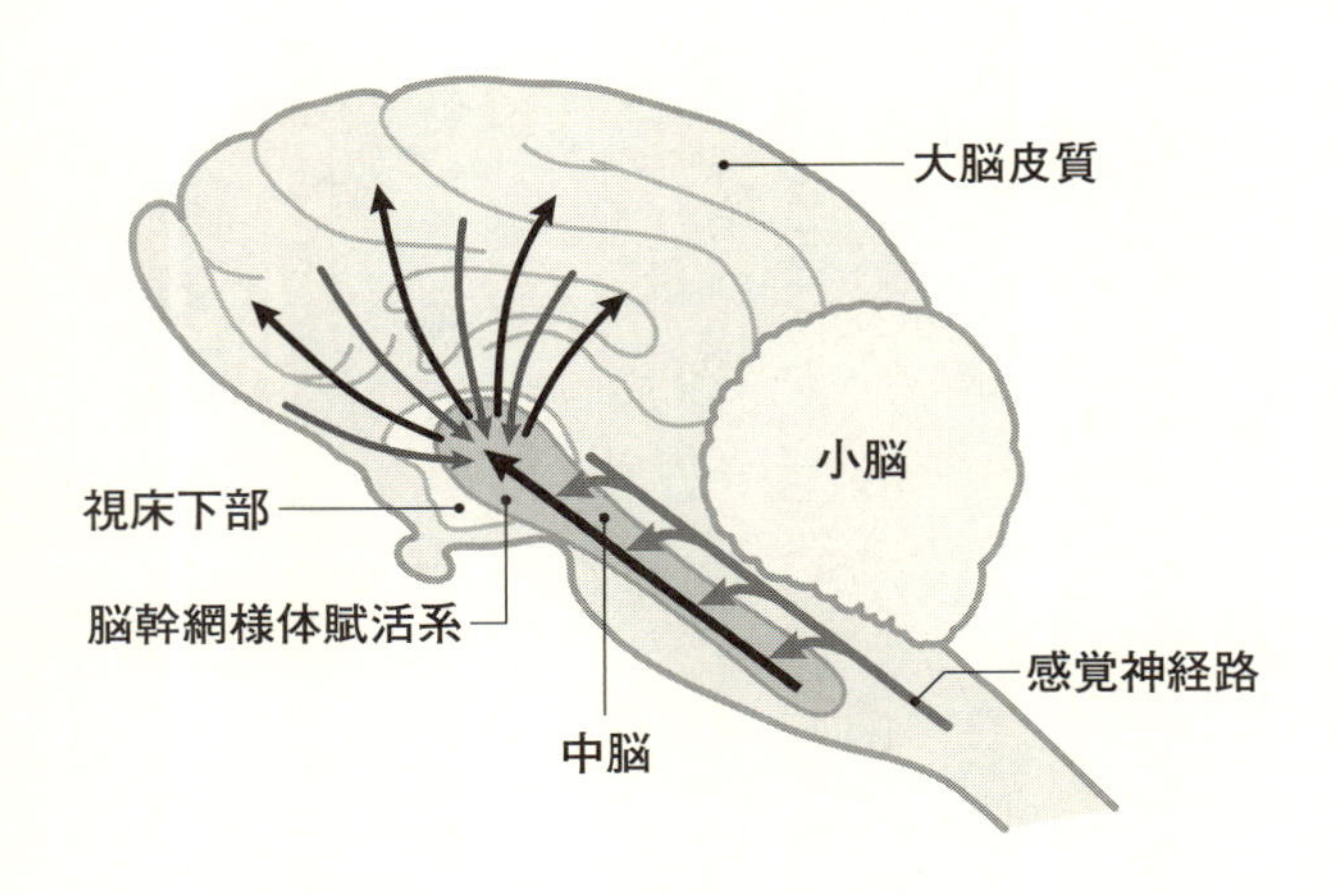

※『イラストでみる猫学』をもとに作成

関係が深いことは、まず猫で証明されたわけです。

猫の元気をつかさどる神経系

大脳を活性化させるとはどういうことかといいますと、たとえば、朝起きたときにベッドの上などで、大きく伸びをすると、目が覚めた気がしませんか。よっしゃ、今日も頑張るぞ、といった気分になったりするわけです。猫もまったく同様で、丸くなって寝ていた猫が、動き出すとき、前足をぐーっと伸ばしてお尻を高く突き上げ、背中をぐい～んと、そらせる様子を、見たことはないでしょうか？　ヨガの「ネコのポーズ」で知られるアレです。まさしくその時には、猫脳の脳幹網様体が機能しているというわけです。

この猫の伸び、寝ているときに縮こまっていた筋肉に刺激を与えて、すぐ動けるように「賦活（ふかつ）」しています。猫は単独行動で生活していたので、何かあったら俊敏に動けないとなりません。ですから、寝起きに筋肉や関節を伸ばし、すぐ動き出せるように準備運動をしているのです。その意味でも脳を活性化させる機能は猫に非常に重要といえるでしょう。

余談ですが、猫が大きく伸びをする理由はざっとみて4つあります。1つ目は、既に述べた寝起きに行う「ストレッチ」。

2つ目は、「体温の上昇を防ぐ」ため。猫は汗腺が限られた部位にしかなく、人のように汗を出して体温を下げることができません。そのため体をぐーっと伸ばすことで放熱の面積を広げて体温を下げようとしているのです。

3つ目は「リラックス」の意味。人と同じように、身体が縮こまるのと反対に、伸ばしているときは警戒していない状態。猫はとくに警戒心が強いので、身体が伸びている状態は安心している表れにもなります。

4つ目は「気分転換」です。猫はよく自分の気分を紛らわす行動をとります。これに関しては第5章でも詳しく説明しますが、猫は気を紛らわせて、自身を落ち着かせようとすることで、現在まで上手く生き抜いてきたともいえます。人もよくする気を紛らわせる行動が多いことも、猫がときどき「人みたい」に見える、といわれる所以なんでしょうね。

猫の睡眠と中脳の深いかかわり

猫と暮らしたことがある人なら、きっと「猫ってよく寝る動物だなぁ」と一度は思ったことがあるのではないでしょうか？　とくに猫に詳しくなくても、猫というと日の当たる縁側で気持ち良さそうに寝ているイメージがありますよね。猫が「寝子」からその名をつけられたという説もあるように、確かに猫の睡眠時間は長いのです。

ただし、猫は大型のネコ科動物と同様、狩り以外は余計な体力を使わないよう、体を休めていることが多いため、実際にはそんなに長く眠っていないのではないかと思われていた時期もありました。そこで研究者が猫の脳波を測定して調べてみたところ、1日約16時間しっかり眠っていたことが判明。猫が「寝子」であることが証明されたようなものですね。

猫はレム睡眠の時間が長い

猫にも人と同様、レム睡眠、ノンレム睡眠があり、これを繰り返していることもわかっています。レム睡眠時は眠りが浅く、脳の一部が活動しています。夢を見るのも、このレム睡眠時です。一方、深い眠りをノンレム睡眠といい、脳も休息状態にあります。

レムとは、「Rapid Eye Movement」の略で、急速眼球運動の意味です。その名が表している通り、レム睡眠時には、眼球が動いています。この眼球運動をつかさどっているのが、中脳です。中脳は、先に説明した脳幹網様体がある領域です（34ページ、図4）。繰り返しますが、より原始的な「爬虫類脳」と呼ばれる脳幹内に位置します。中脳は、この眼球運動と、無意識に行われる姿勢の調節にかかわっています。

レム睡眠とノンレム睡眠の話に戻りましょう。人も猫も睡眠中は、浅い眠りのレム睡眠と、深い眠りのノンレム睡眠を繰り返しています。レム睡眠＋ノンレム睡眠のセットを睡眠単位といい、その時間は猫だとだいたい50〜113分でしょうか。ちなみに人は、約90分といわれます。そして、警戒心が強い動物である猫は、レム睡眠のほ

浅い眠り

深い眠り

うが長いことがわかっています。1日の睡眠時間におけるレム睡眠の割合でいうと、人が約20％に対し、猫は約75％とのデータもあります。

猫と暮らしている人なら、寝ている猫が、ときどきピクピクと四肢をけいれんさせたり、ヒゲが動いたりするのを目撃したことがあるのでは？　その様子は、まさしく猫がレム睡眠中という証。猫のヒゲとまぶたを動かす神経は連動しているので、先に述べたように、眼球運動が行われているレム睡眠中は、ヒゲも動くことがあります。寝ながらピクピクしていたり、ヒゲが動いていたりする愛猫を見たら、猫脳の中脳が働いて、楽しい夢でも見ているのかな？　と想像するのも楽しいですよね。

ちなみに、ノンレム睡眠のときの猫は、丸くなって寝ていることが多いみたいですね。愛猫が丸まったポーズで寝ていたら、ああ、熟睡しているんだなって、やさしく見守ってあげるといいでしょう。

脳が起きているといわれるレム睡眠時には、とくに脳の第二層にあたる大脳辺縁系に属する扁桃体や海馬が活動していて、情報の整理や記憶の定着を促していることが、マウスの実験からもわかっています。「睡眠は脳にとってアクティブな時間である」

と、脳科学者も言っています。それは猫脳でも同じです。ですから、猫が寝ているときは、邪魔しないようにしたいものです。まあ、自分が嫌がることは〝猫にもしない〟、これ基本ですけれどね。

なんといっても「寝子」ですから、猫と睡眠にまつわる話はまだまだあります。「雨の日の猫はよく寝る」、こんな言葉を聞いたことはありませんか？　これは実際そうなんです。猫は、小動物を獲物にして狩猟動物として生きてきました。雨の日は獲物である小動物が隠れてしまうので、そんな日は無駄なエネルギー消費を抑え、体力を温存するため休息していたといいます。その野生時代の名残で、今も雨の日は寝て過ごす傾向があるようです。

第1章では、猫の持つ脳の三層構造について、また、猫脳の猫たらしめる部位の大枠を解説しました。これをベースに、次の章では、脳と直結している感覚器官について、詳しくお話ししていきましょう。

コラム① 猫はパニックになりやすい

突然、猫がパニック状態に陥る、そんな様子を見たことがある飼い主も、少なくないと思います。猫が突然、走り回って大暴れする、脱糞や粗相をする、近くにいる飼い主を攻撃する、など驚くような行動をとることがあります。直接の原因は、猫に聞かないとわからないのでしょうが、何らかのハプニングが起こり、極度の不安や恐怖を感じると、猫はパニック症状を見せるのです。

人だと、パニック障害といわれる病気がありますね。近年、罹患者が増えており、現代病の一種といえるかもしれません。突然、心臓がドキドキする、過呼吸のような発作がおきるなどして、このまま死んでしまうのではないかという不安に襲われる病です。パニック障害は、脳内神経伝達物質のセロトニンとノルアドレナリンが関係していて、脳内ホルモンのバランスの乱れが原因と考えられています。

猫のパニックは、人のパニック障害とは異なりますが、猫脳内の、不安や恐怖をつかさどる扁桃体が強く反応していることは確かでしょう。第1章でもお話ししましたが、扁桃体が働き過ぎると、脳内神経伝達物質のセロトニンが不足してしまうのです。どちらかというと、猫はパニックに陥りやすい動物です。それは、慎重で警戒心が強く、周囲の変化をつねに気にしているため、些細なことに驚きがちだからです。

猫がパニックになるのは、身体に紐状のものが絡まってしまった、突然モノが落ちてきた、あるいはプラスチックのレジ袋の持ち手に足が引っかかってしまった、など。自身には予想外の「怖い」出来事が起こったときです。とくに、もともと怖がりで隠れがちな猫、経験の少ない若い猫、刺激に慣れていない完全室内飼いの猫が、パニックになりやすいといわれます。

パニック状態の猫は、まさに化け猫といっていいくらい、飼い主には手が付けられない様子になります。何とかしようとなだめるつもりで近づこうとする人もいると思いますが、そこはグッと我慢してください。パニックに陥っているときの猫の五感はさらに研ぎ澄まされていて、視覚、聴覚、嗅覚を駆使してパニックの状況を「最低な嫌な体験」として記憶します。その際に飼い主が近づくと、飼い主まで「嫌なもの」

パニックになると猫は…

と結び付けてしまう危険性があります。さらに、恐怖のあまり攻撃の対象となってしまうことも。

猫がパニックになってしまったときは、冷静にすぐその場から離れたほうが身のためです。ですが、猫の身体に何かが絡まって危険な状態の場合は、バスタオルなどを頭からかけて、絡まっているものを取り除いてあげてください。目を隠すことで猫は落ち着きやすくなります。

パニックと関連付けて覚えて欲しい突然の猫の攻撃行動に、「激怒症候群」があります。犬のほうが症例は多いのですが、猫でも発症することが近年、わかってきました。「特発性攻撃行動」ともいわれ、猫が何の前触れもなく、人や同居猫などに激しい攻撃をすることをいいます。まだ不明な点も多い症状ですが、脳神経系の異常が原因と考えられています。

また、この激怒症候群は、てんかんの発作で起こる可能性も指摘されています。てんかんとは、脳内の神経細胞が電気的ショートを起こして発作が起きる病気で、猫でも100匹に1匹は見られる慢性の脳の病です。てんかん発作も、かなり激しく、初めて遭遇すると驚きますが、投薬でコントロールしてうまく付き合っていくことができます。てんかんの薬を飲みながら、23歳まで生きた猫の話も聞いたことがあるくらいです。

パニック、激怒症候群、てんかんと、猫脳のネガティブな面について述べましたが、知識があれば、やたらに怖がらなくても済みますから、ぜひ覚えておいてください。

第2章　猫の感覚はこうなっている

視覚…桿体細胞が発達しているから暗闇でもよく見える

猫脳の観点から五感を考えるなら、まず視覚から解説していきましょう。なぜなら、目（視覚器官）は脳の一部だからです。生物の視覚・聴覚・嗅覚・味覚・触覚という5つの感覚器系器官の中で、一番先に備わったのが、光を感じる視覚器官です。

視覚器官の構造は、脊椎のない無脊椎動物と、脊椎が体の中心にある脊椎動物とでは、大きく異なります。表皮で光を感じられるため、無脊椎動物はミミズのように目がなくても、暗いほうに逃げることができます。

一方、哺乳類などの脊椎動物の目は、中枢神経系である脳の一部から発達していて、脳の拡張部分に当たります。

ここで視覚のメカニズムを、簡単におさらいしておきましょう。

眼球の網膜に光が当たると、細胞に興奮が起こり、神経を通って大脳の視覚中枢に伝わります。つまり第1章でお話しした猫脳により、光の方向や物の色なども認知されているわけです。

猫は、暗闇でも目をギラギラ光らせながら、明るい場所と変わらずに行動できます。それは、網膜にある光の明暗を認識する、桿体（かんたい）細胞が発達しているため、薄暗い場所でも物を確認できる能力が優れているからです。

著名な獣医師マイケル・W・フォックスが、この能力を証明する実験を行いました。それは、暗い中で遮断板に隠したフードを猫に探させるというもの。結果、人が同じことをするのに必要な明るさの6分の1ほどで、猫はフードを見付けることに成功したといいます。その明るさは、人では、目の前に手をかざされていることすら、わからない程度だったとか。この実験で、いわば猫には人の6倍も明るい世界が見えていることが立証されたのです。

猫の目には反射板が備わっている

猫が暗いところでもよく見える理由は、桿体細胞のほかにもあります。1つ目は猫の顔のパーツの中でも最も印象的といっても過言ではない、黒くて大きな瞳です。

猫と人の眼球自体のサイズを比較すると、猫のほうがわずかに小さいものの、瞳孔（黒目の部分）の面積は、最大で人の3倍ほどに広がります。

猫の瞳孔は明るさに応じて大きく変わり、明るいところでは線のように細い黒目が、暗いところでは丸く大きな黒目になります。これは多くの光を取り込むため。暗いところで瞳孔を大きく開くことで、猫は人の3倍以上の光量を網膜に導き、光を感知して脳に伝えることができるのです。

2つ目は猫の目の組織で最大の特徴といえる、人にはないタペータムの存在です（図5）。解剖学では「tapetum lucidum」と呼ばれ、「反射板（脈絡壁板）」と訳されています。このタペータムは、網膜の裏にある、文字通り反射板のような組織。光をよく反射する亜鉛とタンパク質が成分に含まれ、10～20枚くらいの層状になっています。

猫の目に光が入ると、網膜の桿体細胞に当たって通り抜け、吸収されなかった光がタペータムに当たり、その光を反射します。すると、反射した光によって桿体細胞が再度光刺激を受け取り、実際よりも明るい像が視神経を通して、脳に伝達されるという仕組みです。

図5　猫の目の構造

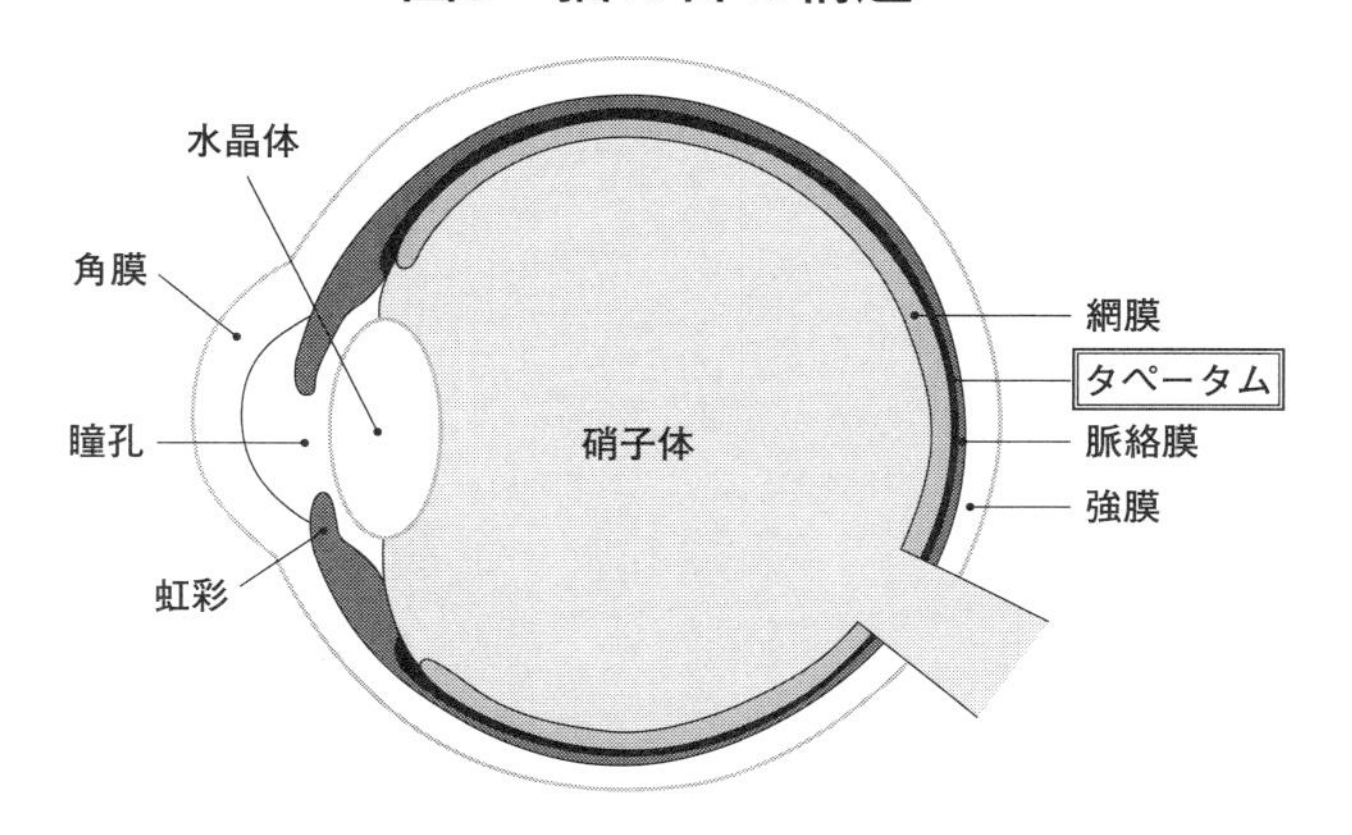

※網膜の裏にタペータムがある

※『図解雑学　ネコの心理』をもとに作成

猫はタペータムのおかげで、眼球が受ける光量を、およそ50％も増大できるのです。おまけにタペータムには発光するという離れ技もあります。猫の目が暗闇で怪しく光るのは、このため。猫が好きな人は〝神秘的〟、苦手な人は〝不気味〟と感じる、あの目のからくりは、このタペータムが関係していたのです。

さすがに一筋の明かりもない真っ暗闇の中では、夜行性の動物といえども物を見ることはできませんが、少々の明るさがあれば、猫は普段通りに行動ができるわけなのです。暗闇を探索するときなどに使う暗視装置がありますが、たとえると、猫は生まれつき暗視装置が目に備わっている、いえ、人が想像する以上の高感度の暗視装置を持ち合わせているといっていいでしょう。猫の視覚、恐るべしです。

アスリートも遠く及ばない動体視力

暗い中でもよく見えること以外に優れている点として、動く物を見る能力、すなわち動体視力があります。猫は目に入る光の量を瞬時に調節できるため、動く物に対して驚くほど迅速に反応することが可能です。

人でもテニスや野球、卓球など、速いボールを目で追う競技のアスリートは、動体視力が優れていることはよく知られていますよね。しかし、猫の動体視力は世界中のトップアスリートをはるかに上回ります。なんと人類の約10倍ともいわれているのです。

この驚異的な動体視力は、すばしっこいネズミなどの小動物である獲物を捕らえるために発達したと考えられます。猫には50メートル先の獲物の動きがわかるという説もあるほどアメージングな能力なのです。

動いているモノはよく見える猫ですが、反面、静止しているモノはあまり見えていません。猫の視力は0・04〜0・3程度で、人なら、強度の近視の部類でしょうか。カーブが大きく丸い眼球は、光を集めるのには有効でも、焦点は合いにくいため、近くのモノはぼやけて見えるのです。

近くのモノの焦点が合わないというと、人でいったら老眼が近いでしょうか。試しに、猫の目の前にドライフードの粒を置いても、一発で見つけることができません。そのくらい、「動かない、ごく近くのモノ」は見えないのです。それゆえ、見えない

動くモノには敏感

近いモノには鈍感

とわかると、モノを確かめようと前足でチョイチョイするわけなんですね。

ちなみにネズミも、猫と同じように動体視力は優れていますが、近くの止まっているモノは見えにくいようです。ネズミは、最初は動いている猫の存在に気付きますが、動きを止めた猫の姿は目には映らず、油断をした瞬間に捕まってしまうわけです。猫は狩りの名人なので、わざと動きを止めてネズミを仕留めているのかもしれません。その辺は計算ずくでしょう。

止まった近くのモノが見えにくいことに加えて、もう一つ、猫の視覚でとても残念な点があります。あくまでも、人の感覚で考えれば、の話ですが……。それは、色の識別が苦手なところです。

理由は今から2億数千年前、恐竜時代に遡ります。恐竜と哺乳類はほぼ同時期に誕生しましたが、恐竜に圧倒されて、哺乳類は居場所を奪われていきました。恐竜が闊歩している日中、哺乳類は地下に潜んでいたため、夜行性になっていきます。

もともと哺乳類には、４色型色覚（赤・緑・青と紫外線光に反応するタンパク質分子があること）が備わっていました。しかし、夜の活動に適応するために光を感じる桿体細胞が発達し、代わりに赤・緑色と紫外線を感じる錐体細胞がなくなり、赤緑と青色が見える2色型色覚になったとされます。

恐竜とうまく共存するために、哺乳類は夜間に必要な光を選び、あまり必要ではなかった色覚の、赤・緑と紫外線の色をあきらめざるを得なかったのでしょう。一般に生き物の身体では、ある能力が進化すれば、他の能力が失われるトレードオフが起こります。猫は、暗闇でも見ることができる能力の代わりに、視力や色覚を失ったと考えられます。

このトレードオフ、欲望のままに生きる現代の人に強く訴えたいところでもあります。何かを得れば、何かを失う。生き物としては至極真っ当なことを忘れて、強欲になるとなんでもうまくいかないんですね。ちょっと脱線しましたが……。

やがて進化の過程で、人間を含む昼行性霊長類は3色型色覚を得ます。これは、赤~緑色の領域が赤色と緑色が見える領域に分かれたとされます。緑の葉の間に熟す赤い果実を見分けることが重要だったのでしょう。しかし、現代でも猫をはじめ、哺乳類の多くは2色型色覚のままなのです。

猫に見えている光とは……

猫にどんな色が見えているかは諸説ありますが、黄や青、その中間色の黄緑は比較的よく見えているようですね。それ以外の色はどのように見えているかというと、グレーのようにくすんだ色ではないかと考えられています。本当のところは猫に聞いてみないとわかりませんが……。

色の識別は得意ではない猫ですが、近年、紫外線が見えていることがわかってきました。以前から、４色型色覚をもつ鳥類などは、紫外線も見えるといわれてきましたが、イギリスの生物学者による研究で、猫や犬の水晶体（眼球の前面にある部分）は紫外線を通すことが明らかになったのです。

猫の場合、獲物のネズミのオシッコが紫外線に反射し、その光を色でとらえているのではないかと考えられています。そして、その色は大昔に失った、赤に映っているのかもしれません。時々、猫が空を仰ぐ様子を見かけます。人に見えないモノを見ているはず、と「オカルト」な話にもっていきがちですが、もしかしたら猫は、紫外線に反応しているのかもしれませんね。

聴覚…脳とパラボラアンテナの耳で超音波を感知

猫の耳と人の耳とでは、顔に付いている位置も、形も随分と違いますよね。しかし、構造は外耳・中耳・内耳に分かれていることも含め、基本的に大きな差はありません（図6）。

聴覚は大脳皮質の側頭葉にある聴覚野がつかさどっています。ここに脳にまつわる面白い実験があります。1960年代に発行された、動物行動学の教科書的な書籍『動物の行動』の中に、メトロノームとネズミを使って、猫の「脳波」を調べた実験結果の記述があります。

まず猫のそばでメトロノームを動かします。〝カッチ、カッチ〟という音を聞いた猫の神経中枢は刺激され、記録紙に活動電位（細胞や組織が刺激を受けたときに生じる電位）の波がしっかりと刻まれます。このことから、猫はちゃんとメトロノームの音を聞いていることがわかります。

図6　猫の耳の構造

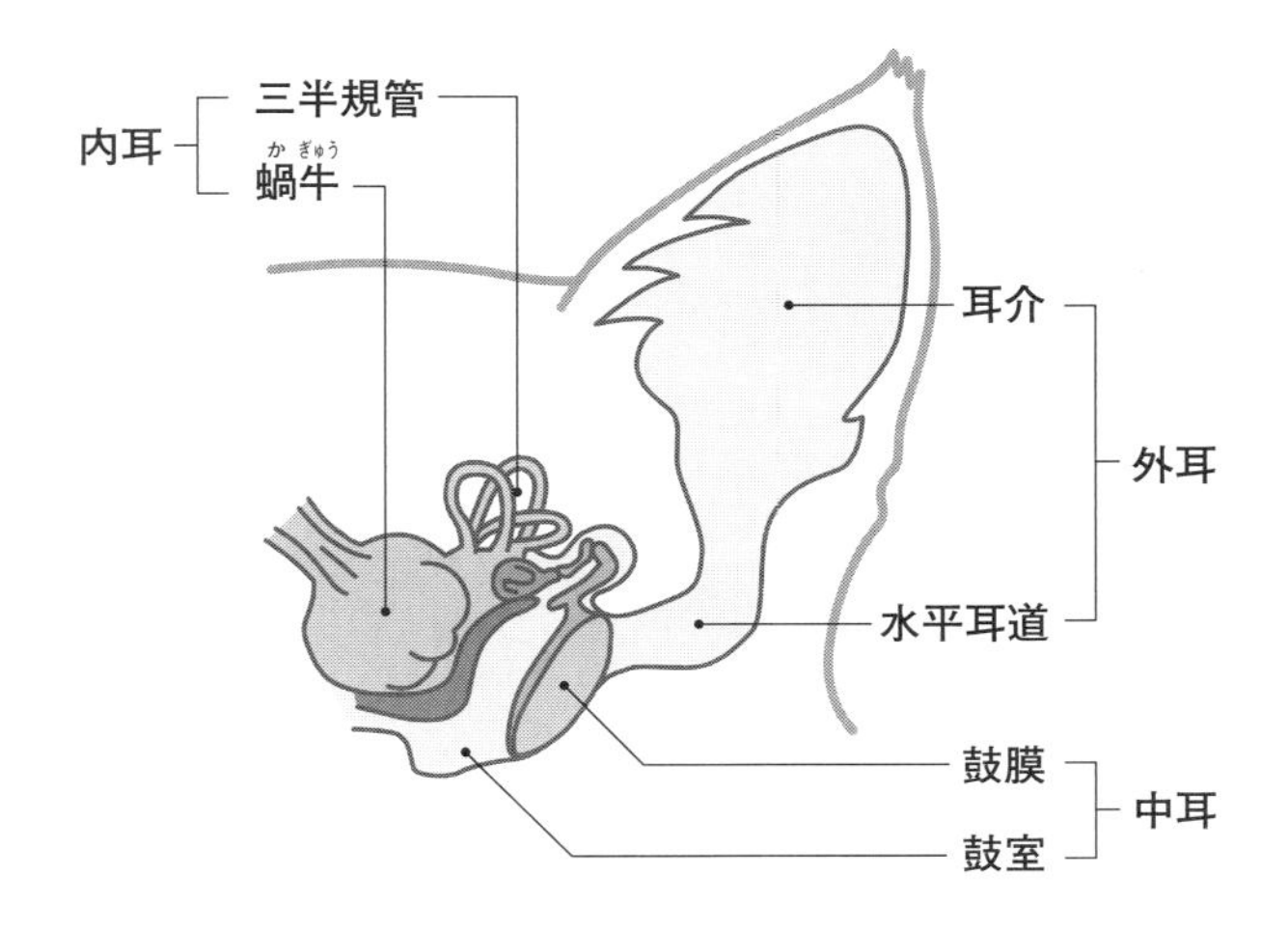

※『イラストでみる猫学』をもとに作成

次に、猫の前にネズミを放つと、一瞬で活動電位の波がピタッと消えました。つまり、猫はネズミを追うことに集中するあまり、周りの音は聞こえなくなってしまったのです。

猫にとって、獲物であるネズミはとても魅惑的です。一方メトロノームの音は大して興味がありません。猫は、視覚的な刺激を優先して、聴覚的な刺激は一旦休止させたのです。

このような、何かに集中するあまり周りの音が耳に入らなくなる現象を、神経生理学では「関門作用」と呼びます。

猫は鋭い聴覚を備えた動物ですから、脳が混乱しないように神経系に入ってくる視覚的・聴覚的・嗅覚的な刺激の中から、そのときの欲求にもっとも役立つものを選んでいるんですね。

これを人に置き換えてみましょう。たとえば、スマホの画面に見入っている人に話しかけても、夢中になっていて返答がないことがありますよね。それと同じようなことが猫脳内でも起こっているわけです。

ご存知の方も多いかと思いますが、猫の聴力は「地獄耳」といっていいほど優れています。これは野生時代、暗闇で獲物や敵を探すのに音は大事な情報源で、それゆえに進化してきたと考えられています。

猫の飼い主であれば、屋外の数十メートル先を歩く家族の足音や、窓の外を飛ぶ虫の羽音などに、猫が反応して驚いた経験があることでしょう。また、掃除機やドライヤーの音などを異様に怖がる猫が多いのも、人が想像する以上の大音量で聞こえているせいなのです。

猫の優れた聴覚の最大の理由は、超音波（２万ヘルツ以上）まで聞き取ることができる、驚異的な可聴域にあります。

ネズミの〝チューチュー〟という鳴き声は人にも聞こえますが、実際に認識できるのは、ネズミが発する鳴き声の低音の一部分だけです。小動物や虫が出す鳴き声も超音波であることが多く、そのほとんどが人には聞き取れません。

このような超音波は、頭骨を通過して、脳そのもので吸収感知されているとも考えられ、猫脳にとっては生き物が発する超音波をキャッチすることなど、朝飯前なのです。

人と猫と犬が聞き取ることのできる最大周波数を、具体的に数字でみてみましょう。人が2万3000ヘルツなのに対して、猫は6万4000ヘルツ、犬は6万ヘルツというデータがあります。

つまり、猫は人の約3倍の音域を聞き取ることが可能なのです。聴力に優れているといわれる犬よりも、わずかながら猫のほうが上回っている点も興味深いところです。ちなみに猫の耳の先端には「房毛」と呼ばれる、1~5ミリほどの短い毛が伸びています。単なる耳飾りのように見える毛ですが、じつはこの毛が超音波を集めるのに一役買ってもいるのです。

また、ある時期に限定して、さらに猫の可聴域が広くなることがあります。それは子猫の時期と、母猫が授乳をする時期です。

生後3週間の子猫は成猫の2倍近い10万ヘルツの音を、そして出産後~授乳期の母猫は8万ヘルツの音を聞き取るといわれています。8万ヘルツというのは、子猫の咽頭から発せられる周波数で、子猫と母猫が意志を伝え合うために、可聴域が広くなるのです。やがて子猫は親離れをして独立し、母猫も授乳期が過ぎると、本来の6万4000ヘルツに戻ります。

大きな耳はパラボラアンテナ

驚くべき可聴域以外で、猫が「地獄耳」と言われる所以は、音源探知力が優れている点です。スコティッシュフォールドなどの一部の猫種を除き、一般に猫の耳は立っています。その耳を巧みに動かして、瞬時に音源までの距離を把握して、位置を探し当てることが得意中の得意なのです。

猫が耳介を自由自在に動かせるのは、根元にある約30本もの筋肉のおかげです。人の耳の筋肉の約5倍もあると言われ、その筋肉によって、猫は耳介を270度あまりも回転させられるのです。

猫をよく観察すると、後方で気になる音がしたら両耳をクルッと後ろに向けたり、右方向で音がしたら右耳だけパタッと倒したり。さらに大きな音がすると耳の穴を塞ぐように倒すなど、じつに器用に耳介を動かしているのがわかります。

いってみれば猫の耳介は、パラボラアンテナのような役割をしていて、いつ何時でも、効率的に集音できるようになっているのです。

さらに猫の耳は、聴神経（内耳より聴覚を脳に伝える感覚神経）が多いのも特徴で、人の約3万本に対して、猫は約4万本もあります。パラボラアンテナのように集音する耳介に聴神経の多さも手伝い、猫は天井裏にいるネズミの足音や鳴き声をキャッチし、正確な位置を知ることが可能なのです。

以上のことから、猫の広域音を聞き取る能力と、音源を探知する能力が優れていることがおわかりいただけたと思います。人に猫の聴覚が備わったら、あらゆる音が聞こえ過ぎて、鬱陶（うっとう）しいと感じるのでしょうね……。

最後に、猫の聴覚を特徴づける上で欠かせないのが、耳の奥にある三半規管と呼ばれる器官です。

動物の耳は、耳介で集めた音が鼓膜を振動させて耳小骨に伝わり、三半規管を通じて聴神経に届けられる構造になっています。この三半規管は、平衡感覚もつかさどり、頭が回転するときの方向と速さを感知する役割があります。

猫の場合、この三半規管が非常に発達しているため、ときとして驚くべきスーパーバランスを見せることがあります。

たとえば、25メートルの高さから落下した猫が無傷だったというエピソードがあります。これは、猫が空中で体をひねって頭を元の位置に戻し、４本の足で地面に着地できたからです。人では、たとえスタントマンであっても絶対に不可能なことでしょうが（たぶん）、三半規管が発達している猫だからこそ、空中でもこのようなパフォーマンスができるのですね。

人だと三半規管が弱い人ほど、乗り物酔いをするといわれています。犬でも乗り物酔いをするケースが少なくありません。しかし、猫が乗り物に酔って吐いた、という話はあまり聞きませんから、その点からも猫のほうが犬より三半規管が発達していると考えていいでしょう。

嗅覚…嗅覚野が優れているから人の20万〜30万倍のニオイを感じている

「鼻が利く動物」というと、まずは犬を思い浮かべる人が多いかも知れません。確かに警察犬や麻薬探知犬など、優れた嗅覚を生かして働く犬もいるので、そのようなイメージが強いことでしょう。そんな犬よりもはるかに優れているのが熊です。その嗅覚は、約2キロ先の獲物の肉のニオイを嗅ぎ付けるといわれます。

では猫はというと、約500メートル先のかすかな獲物のニオイが認識できると考えられています。鼻が利くという印象は薄い猫かもしれませんが、犬や熊に及ばずとも、人と比較するとなかなかのものといっていいでしょう。

視覚のパートでご説明しましたが、猫は、近くの静止物を見る能力は優れていません。これは狩りをする上では不利なことですから、その能力を補うために嗅覚が発達したと考えられます。肉食動物である猫は、とくに獲物の肉のニオイや、腐敗物の酸っぱいニオイは敏感に嗅ぎ取れるのです。

動物がニオイを感じるメカニズムをざっと説明します。

鼻の孔から空気に混ざっているニオイ分子が入ると、鼻腔の天井にある嗅上皮の嗅細胞に届き、粘膜に溶けます。そこで、ニオイ分子の情報は電気信号に変換され、その信号は嗅神経から嗅球を通って、一部は大脳皮質の嗅覚野へ、一部は大脳辺縁系へと送られる仕組みです（68ページ、図7）。

人があるニオイを嗅いだとき、幼少期の記憶が蘇ることがあります。たとえば、雨の日の草のニオイを嗅いで、子供の頃に過ごした田舎の風景を思い出すなど、そのような経験は誰しもあるのではないでしょうか。

これは嗅覚と脳の関係によるものです。嗅細胞は、大脳辺縁系に属する、記憶と関係が深い海馬と扁桃体に接続しています。そのため嗅覚は、視覚や聴覚以上に記憶を呼び起こすきっかけになりやすいのです。

嗅細胞にはタンパク質でできた約１０００種類の「匂い受容体」があり、それぞれに約１０００個の遺伝子が対応しています。これらの遺伝子によって、特定のニオイが判別され、嗅覚野に信号が送られます。

図7　猫の嗅覚系の構造

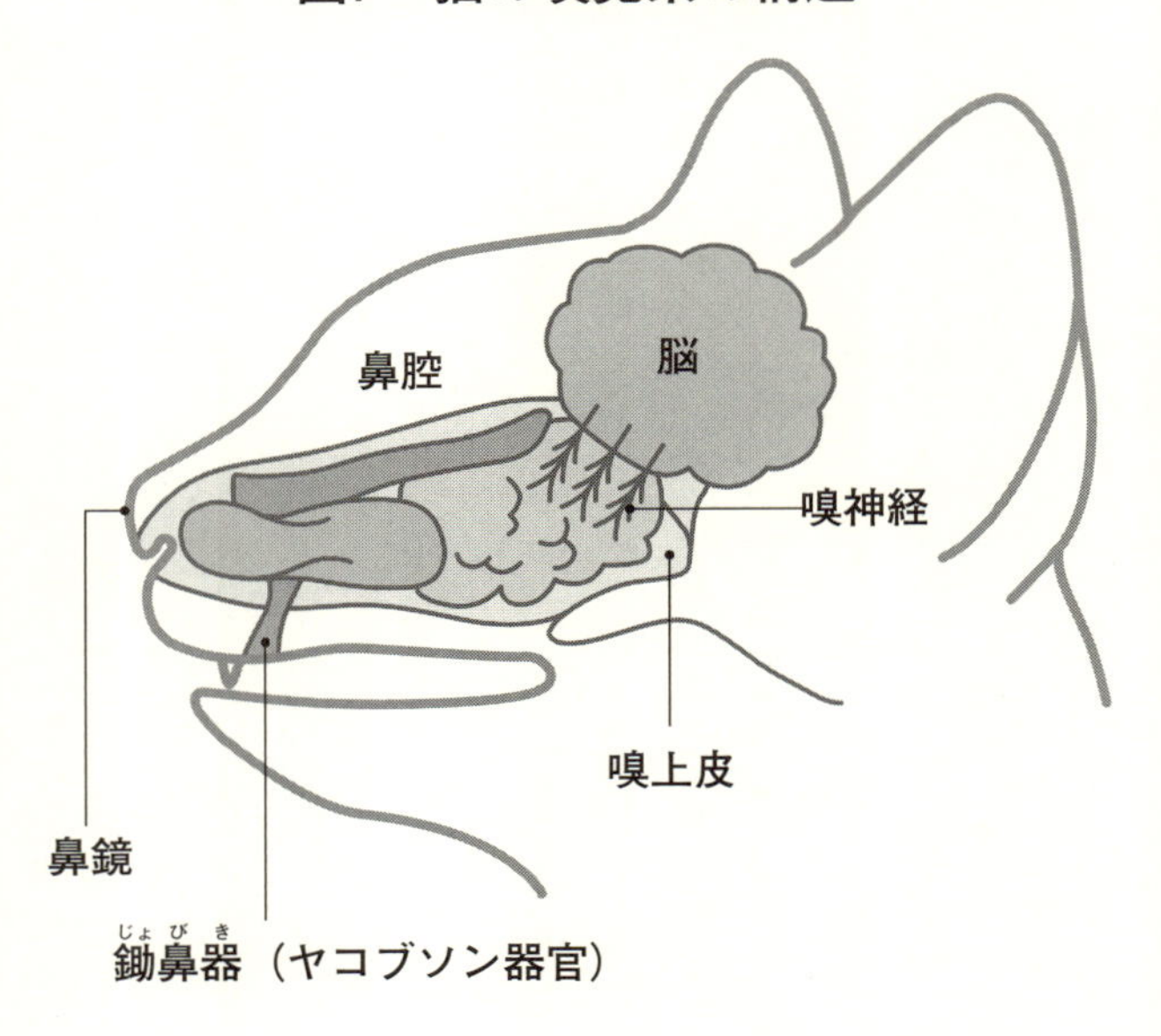

※『図解雑学　最新　ネコの心理』をもとに作成

これにより、人は1万種類ものニオイを嗅ぎ分けて記憶することが可能です。さらに最近の研究では、人は1兆種類もの〝混合臭〟を識別できる可能性がある、という説も出てきました。ですが、ここでは従来の1万種類に留めておくことにしましょう。

一方、猫はどれくらいのニオイを感じることができるのでしょうか？　人と数字で比較してみましょう。

比較する際わかりやすいのは、ニオイを感じる細胞が並んでいる嗅上皮の面積です。面積が広いほど嗅細胞の数が多くなり、すなわち嗅覚が優れていることがわかります。

嗅上皮の面積は、人が切手サイズの約4平方センチで、猫はカードサイズの約40平方センチ。嗅覚動物といわれる犬は小さなハンカチ大で、人の100万～1億倍もニオイに敏感といわれます。単純に数字上だと猫は人の20万～30万倍でしょうか。嗅ぎ分ける能力では、猫は人の1万種類に対して、20～30倍もの種類を、的確に認識しているとも考えられます。犬や熊には及ばないものの、猫もすごいことがわかっていただけたでしょうか。

優れた嗅覚は、猫の鼻鏡（鼻先の毛の生えていない部分）の構造にも秘密が隠されています。鼻鏡をよく見ると、鼻の孔からつながって、横にも少し切れ目が入っているのがわかります。この切れ目のおかげで、ニオイを正面だけでなく横からも取り込み、より広い範囲のニオイを嗅ぐことができるのです。

さらにもう一つ、猫の鼻鏡は汗と皮脂で湿っているため、空気中に漂うニオイ分子を吸着しやすいという利点もあります。何とも合理的にできているものです。

この素晴らしい嗅覚の使い道で、人とは決定的に異なる点があります。それは、猫はコミュニケーションに嗅覚を使う、というところです。

お尻のニオイには、全ての情報が詰まっている

わかりやすいところで、猫より嗅覚が優れている犬の散歩シーンを思い出してみましょう。犬同士が、お尻のニオイを交互に嗅ぎ合う場面を見たことはありませんか。あれは肛門の横にある肛門腺から発するニオイを使って情報交換をしているのです。言ってみれば、お互いを確認し合う犬の自己紹介のようなもので、人でいえばビジネスシーンでの名刺交換にあたります。

猫も同様に、お互いのニオイを嗅ぐことで情報交換をしています。猫同士では、性別、血縁関係、発情しているかどうかなどをお尻のニオイから得ています。重要な情報を交換して、この猫に近付いても大丈夫かどうかを判断し、その情報をしっかり猫脳に記憶しているのですね。

お互いのニオイを嗅ぐときは、猫社会のルールにのっとり、まずは優位な立場の猫が先に、相手のお尻のニオイを嗅ぎます。劣位な立場の猫が、先に相手のお尻のニオイを嗅ぐようなことをすると、礼儀知らずだと嫌われてしまいます。

そのような初対面の猫同士はもちろん、毎日顔を合わせている同居猫同士でも、ひっきりなしにクンクンと相手のニオイを嗅ぎます。もし一方の猫が動物病院帰りで、いつもと違うニオイが体に付いていると、もう一方があからさまに距離を置くこともあります。それほど動物にとってニオイは大切なのです。

そして猫は、猫同士のみならず、人に対しても積極的にニオイを嗅ぎたがります。愛着をもっている飼い主のニオイを嗅いで安心したいという思いもあるでしょうが、謎なのは、臭(くさ)いニオイも嗅ぎたがることです。

とにかくニオイを嗅ぎたがる猫

たとえば、飼い主の履いていた靴下や脱ぎ捨てたパジャマ、そして汗をかいた頭皮などのニオイを、好んで嗅ぎたがる猫は少なくありません。仕事帰りのお父さんの靴下を懸命にクンクンクンクンクン……。人からすれば、何故そんな臭いニオイ（失礼！）をわざわざ嗅ぐ⁉　と理解不能な行動でしょう。

しかしながら、臭いといわれるニオイをあえて嗅ぐのには、猫なりの理由があります。それは、ニオイの中のフェロモンの存在を確認するためなのです。

猫を飼っている人なら、猫がそれらしきニオイを嗅いだあとに、口を半開きにして固まっているところを見たことがあるのではないでしょうか。これを「フレーメン反応（現象）」といいます。

ニオイの中には、同じ種の本能的な部分に作用して特定の行動を引き起こす〝ニオイ＝フェロモン〟が含まれています。通常、ニオイは鼻腔で感じ取るものですが、フェロモンは上顎の裏にある鋤鼻器（じょびき）（ヤコブソン器官）で感じ取っています。この鋤鼻器に空気を送り込んで、ニオイ物質を検知しているのです。

フレーメン反応を起こした猫は、真顔のまま、口をポカーンと半開きにするという、何とも形容しがたい、かなりマヌケな表情になります。ふだんの美しい顔とのギャップが激しいので、何度見ても思わず笑ってしまう飼い主も多いことでしょうね。

本来、フレーメン反応は同種のフェロモンを確認するための反応ですが、それ以外に刺激臭にも反応するんですね。前述の飼い主の体臭もそうですが、自分のしたオシッコのニオイや、生乾きの洗濯物に反応する猫もいるようです。

いわば猫のオモシロ行動といえるフレーメン反応には、個体差があり、頻繁に起こす猫もいれば、ほとんど反応しない猫もいます。

ちなみに、猫以外でも鋤鼻器を持つ、ネコ科のライオンやトラ、シカやウマなどにもフレーメン反応が見られます。人は胎児のときに鋤鼻器が退化するため、残念ながらフレーメン反応を起こすことはありません。

味覚…生存に直結。とりわけアミノ酸には敏感

「味覚の95％は嗅覚である」とは、ある神経生理学者の説です。それほど味覚と嗅覚

は密接な関係にあり、味覚も嗅覚も化学物質が感覚上皮などに作用して生じる感覚です。

猫の場合、まずニオイをクンクンと嗅いで、猫脳内の記憶を引き出し、「食べても大丈夫か？」の判断をしています。人なら食べる前にニオイを嗅ぐ行為は、行儀が悪いと言われかねませんが、猫にとっては欠かせない儀式のようなものです。

用心深くフードのニオイを嗅ぐ猫の様子を見て、「毒なんて入ってないよ！」と突っ込みたくもなるでしょうが、そこはグッと我慢。そして猫脳内でニオイにＯＫが出ると、猫はやっと口に入れてくれるというわけです。

たとえば猫に食欲がないとき、フードを少し温めてから与えると、食べ出すことがあります。それは加熱することでフードのニオイ分子がよく飛び、猫の鼻粘膜を刺激するからでしょう。猫は嗅覚に優れた動物なので、人以上に、より強く味覚と嗅覚が結び付いていると考えられます。

味覚の感知には、舌が重要な役割を担っているのは、周知の通りです。その舌には、味覚を感じる器官の「味蕾（みらい）」があり、あらゆる味を感じるセンサーとしての役目を果たしています。

舌の表面には、舌乳頭と呼ばれる小さな突起があり、味蕾はここに分布しています。味蕾にはいくつかの味細胞があり、口から入った味覚の情報は、味細胞から2つの脳神経（顔面・舌咽神経）を介して延髄に入り、大脳皮質の味覚野へ至るのです。この味蕾の数が多いほど味覚感度が高くなります。

味蕾の数を比較すると、人が約9000なのに対し、犬が約1700、猫はさらに少なくて約780個です。その上、猫の舌の中央部分には味蕾が変化した、ザラザラとした突起の糸状乳頭があり、この部分では味を感じません。

猫は「味オンチ」と思われている節がありますが、たしかに味蕾は人の10分の1以下です。ただ、湿気たドライフードや、口に合わないフードには見向きもしない猫も多いので、何でも食べるというわけではない、ということを猫の名誉のためにも記しておきましょう。

もうひとつ、猫舌についても、言い訳しておきましょう。猫が熱い食べ物が苦手なことから、猫舌という言葉が存在していると思っている人も多いでしょうが、それは少し違います。猫が猫舌かそうでないかと問われたら、確かに猫舌といえるかもしれません。ですが、動物は言ってみれば、みんな猫舌です。自然界には熱い食べ物なんてないからです。ではなぜ、「猫舌」という言葉が独り歩きしているかというと、この言葉が使われ出した江戸時代に端を発します。なんと、江戸時代には、犬より猫のほうが人々には身近な存在でした。猫が熱い食べ物をゆっくり食べる様子をよく目にすることから、「猫舌」という言葉が使われ出したとか。はい、余談でした。

猫はグルメなのか

一般に草食動物が味蕾の数は断トツで多く、牛は約2万5000です。人の約3倍、猫の30倍以上もあります。その理由は、草食動物は多くの種類の草の中から、食べられるものを見極める必要があるからです。

逆に、猫などの肉食動物は、味蕾の数が少ない傾向にあります。前に戻ると、味蕾の数が多いほど味覚感度が高くなるという論理では、草食動物のほうが肉食動物より〝グルメ〟ということになるんですね。これはちょっと意外なのではないでしょうか。

味の基本的な感覚は、〝甘味〟〝酸味〟〝苦味〟〝塩味〟の4つで、人の場合、これに〝うま味〟を加えた5つの味を感知できます。味を感じるのが味細胞で、舌のパートによって感じる味が異なります。

猫の味細胞は、舌の先端と根元、両脇に分かれ、うま味以外、基本的な4つの味を感じると考えられています（図8）。それにプラスして、猫には人が無味無臭と感じている水を味わう感覚があるともいわれていますが、真偽は定かではありません。

とくに猫は、酸味と苦味に敏感です。その理由は、酸味と苦味は肉の腐敗を連想させる味だから。猫には食べ物のおいしさよりも、危険がないかを感知することが重要だからでしょう。

その意味でいうと、甘味には鈍感です。ある実験では、人が甘いと感じる糖類の成分には、猫はほとんど反応しなかったといいます。ん？　ちょっと待って……そのわりに、飼い主の食べているスイーツに反応する猫は多いと思いませんか？　たとえば生クリームやバニラアイスなどを好んで舐める猫がいます。これは恐らく、猫が糖類の甘味成分をおいしいと感じているわけではなく、牛乳やバターに含まれる動物性脂

図8　猫の味覚系の構造

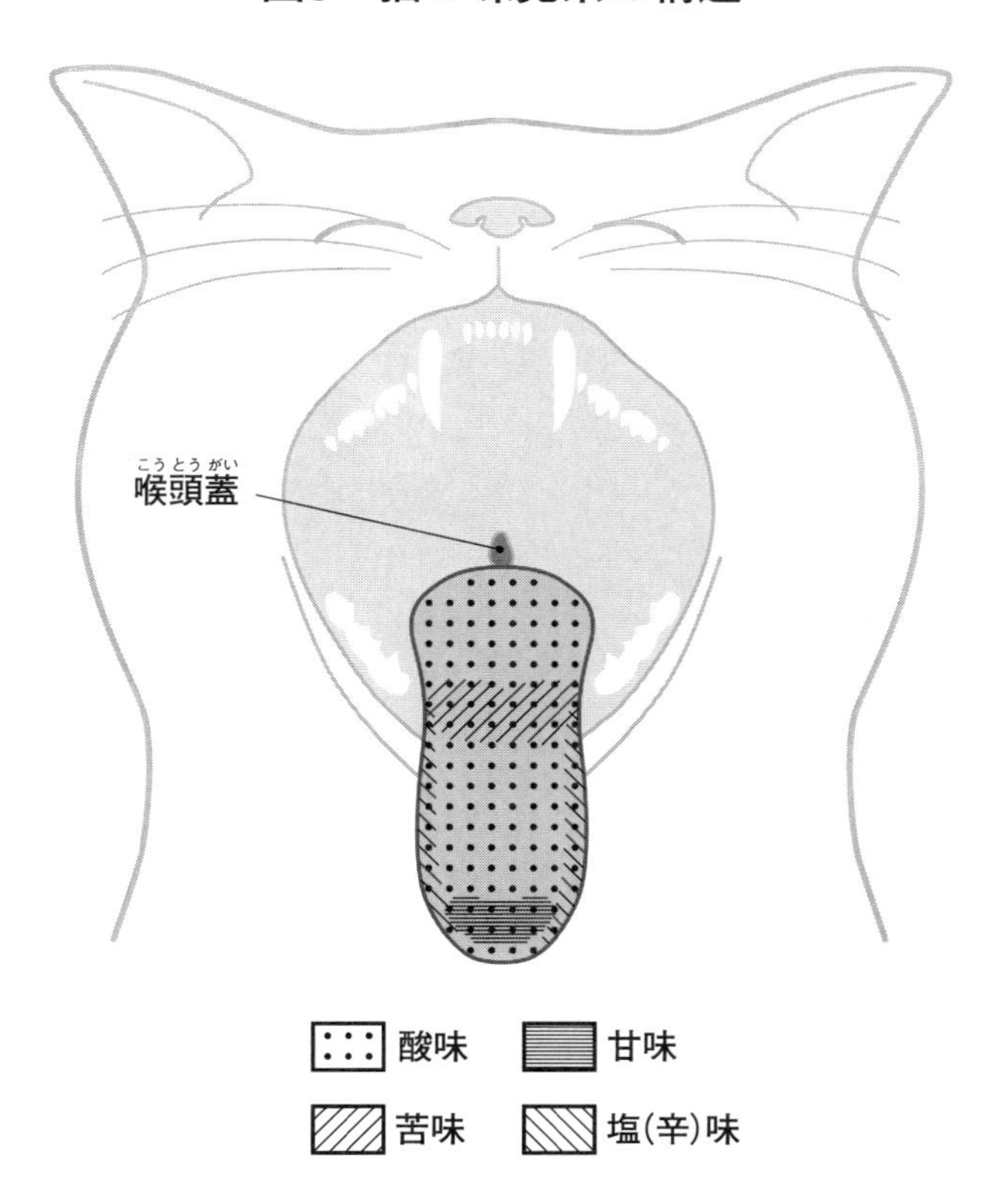

※『イラストでみる猫学』をもとに作成

肪分のニオイに魅かれている可能性が高いのです。

このように猫は、糖類の甘味成分には見向きもしませんが、その代わりアミノ酸に甘味を感じており、中でも脂肪酸に、とくに反応します。

アミノ酸は、タンパク質の元となる成分で、肉にはタンパク質が豊富に含まれていることは、みなさんもご存知でしょう。さすがは肉食動物、肉の良し悪しには敏感なのですね。

ちなみに猫は、本来、コオロギやバッタなどの虫も好物です。これらの虫は、大きさが猫に丁度よく、肉厚で食べ応えがあります。今話題の昆虫食も、意外と理にかなっているのかも、なんて思いますね。しかもアミノ酸が豊富なので、猫にとってはオヤツ感覚でおいしく食べられるのでしょう。外に出している猫だと、捕まえた虫をくわえて帰宅したりしますが、それは、狩りが下手な飼い主に、お気に入りのオヤツをおすそ分け、といった気分なのかもしれませんね。

広く猫といっても、個体によってフードの好き嫌いが見られます。猫の味の好みは、どのようにして決まるのでしょう。人の味覚は、幼少期に食べたもの、いわゆる「おふくろの味」が重要な要素ですが、じつはこれ、猫にも当てはまります。

子猫の食生活は、母猫の元にいる時期が大きく影響します。子猫は母猫から狩りを教わりますから、母猫が食べるもの＝子猫にとっての食べ物です。初物にうかつに手を出して、中毒などの危険な目に遭わないための、生きるルールといえるでしょう。

こうして教わった、おふくろの味ならぬ〝母猫の味〟によって、子猫の味覚はできあがっていき、猫脳にしっかりと刷り込まれていきます。猫も人と同様に、食育には母親の存在が大きいのです。

子猫に牛乳は与えないで

では、生まれてすぐに母猫と離れてしまったら、子猫の味覚はどうなるのでしょうか？　人が保護した場合、「飼い主＝母猫」にあたり、飼い主から与えられた食事が母猫の味となります。

たまに、本来は猫が好まないはずの野菜や果物を好んで食べる猫がいます。きっと子猫時代に飼い主が与えてしまい、猫脳に「食べ物」と刷り込まれたのでしょうね。

人の食べ物の中には、猫の健康を害する物もあるので、やたらと人の食べ物を与えないようにしたいものです。

そのいい例として、やたらと猫に与えがちな食品に牛乳があります。ノラの子猫を保護したときなど、栄養を与えなければと、牛乳をお湯で薄めて飲ませる、なんてことをしてしまいがちです。

しかし、牛乳には乳糖という、猫によっては分解できない成分が含まれており、消化不良性の下痢を起こすケースが少なくありません。与えるなら、人が飲む牛乳ではなく、猫用に調整されたミルクにしておきましょう。

猫には同じものを食べ続けて飽きる、という感覚はありません。その意味では、前述した「猫は味覚感度が低い」との説は正しいかもしれません。猫の味覚の大半を占めているのは、猫脳が子猫時代に記憶した、食べても安心な味なのです。「ごちそうを与えなくちゃ」という、飼い主の心配は、どうも無用なようですね。

触覚…ヒゲや肉球は驚異のセンサー

第2章の最後に紹介する感覚は、触覚です。人の触覚受容体は皮膚全体ですが、猫はヒゲと肉球に集中しているのが特徴です。

猫の顔の左右には、長いヒゲが生えています。全身を覆っている柔らかな被毛の、いわゆる猫っ毛とは異なり、ヒゲは硬くて太くてしっかりしているのが特徴です。猫のヒゲは、別名「触毛」と呼ばれて、触覚の点で大きな役目を担っています。

猫のヒゲの毛根は、静脈洞という血液の袋の中にあり、そこにはたくさんの神経細胞が集まっています。そのため、ヒゲに何かが触れると、その刺激は神経細胞を伝って、すぐさま脳に伝わる仕組みになっています（84ページ、図9）。つまり、猫脳の観点からも、ヒゲは非常に重要な感覚器官なのです。

猫の顔をよく見ると、鼻の横以外にもヒゲが生えていることがわかります。一般に猫のヒゲといわれているのは、左右に約16本ずつ生えている長いヒゲのことで、〝上（じょう）

図9　触毛の構造

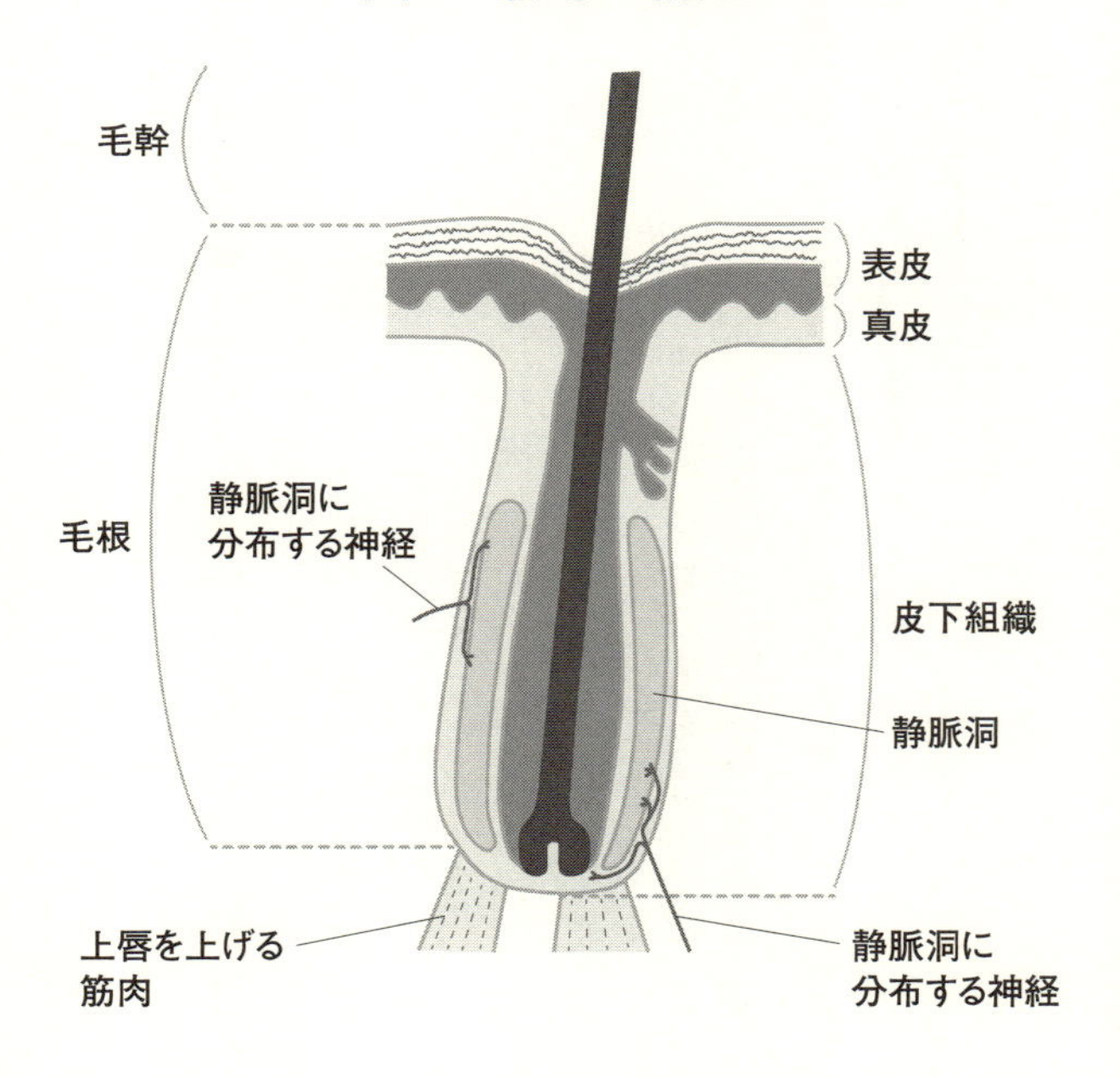

※『楽しい解剖学　猫の体は不思議がいっぱい！』をもとに作成

唇毛（しんもう）〟といいます。

その他、顎の下に〝下唇毛〟が数本、頬の両脇に〝頬骨毛（きょうこつもう）〟が各1～2本、口の端に〝口角毛〟が各1～2本、両目の上に〝眉上毛〟が各6本、生えています。これらの短い全てのヒゲも、わずかな刺激を敏感に感じることができるのです。

ヒゲは具体的に、何を感じ取っているのでしょうか。よく知られているのは、「猫はヒゲを使って、狭いところに音をたてずに入れるか入れないかを判断している」ということでしょう。

ヒゲは、高性能のセンサーのようで、狭い場所に体を入れずとも、瞬時に幅を測っているのです。

そのときの気分も表すヒゲ

猫のヒゲはまた、瞼（まぶた）の神経と直結しています。そのため、何かがヒゲに触れると反射的に瞼を閉じて、大切な目を守ることができます。

さらに、ヒゲで空気を察知して風向きを判断したり、何か気になる物があるとヒゲで軽く触れて、危なくないか確かめたりしています。このヒゲの感覚は、野生時代はもちろん、現代でも欠かせないものといえます。

これといって大きな役目がない人のヒゲと異なり、猫のヒゲはそのときの気分を表すという、大役も担っています。たとえば、おもちゃで夢中になって遊んでいるとき、何か興味のある物を見付けたとき、ヒゲは大きく前方へ向いているはずです。

猫のヒゲは、興奮すると前を向き、リラックスしていると重力に従って下に垂れ、何かに警戒しているときは後方に向きます。その時々の感情が、脳から毛根部分にある立毛筋という筋肉に伝わり、立毛筋が伸縮することでヒゲの向きが変わる仕組みです。

ヒゲに注目することで、そのときの猫の気持ちを推測できるなんて、嬉しいじゃないですか（感情については第4章へ）。犬はヒゲで気分を表すことはできませんので、猫特有のことだといえるかもしれません。ちなみに犬はトリミングの際にヒゲの先端をカットすることがありますが、猫のヒゲは大事なセンサーなので絶対にカットしないでくださいね。

猫には顔以外にもヒゲが生えている部位があります。それは、なんと前足です。猫は前足の、人でいう手首にあたる部分に、手根球と呼ばれる硬いまめのようなものがあり、その近くに太くて少し長めの触毛が１〜３本ずつ生えています。

この触毛も顔のヒゲと同様の働きがあります。気になる物を前足で触って確認するときや、ジャンプする前に足元の障害物との距離を確認するのに役立っているのです。

ヒゲと同様、猫の触覚で重要なのは肉球です。見た目が可愛らしくプニプニと触り心地もいいことで、多くの飼い主を虜（とりこ）にしている肉球ですが、もちろん飾り物ではありません。

肉球の表面は皮膚組織、内部は結合組織の層と皮下組織からなり、人の指先と同じようなつくりになっています。肉球には多くの神経が通っていて、毛が生えていないぶん地面の感触などがダイレクトに伝わります。

少し触れただけで、危険をいち早く察知することができるという点では、ヒゲのように、肉球もセンサーのような役割をしているといえるでしょう。

そんな人の指のような肉球には、それぞれ名がついています。

前足は、先のほうに4個並んでいるのが〝指球〟、真ん中にある凸型が〝掌球（しょうきゅう）〟、そして手首あたりの〝手根球〟です。後ろ足は、先のほうに4個並んでいる〝趾球（しきゅう）〟、真ん中にある凸型が〝足底球〟といいます。

ネコ科やイヌ科をはじめ、クマ科やイタチ科なども肉球がありますが、他の動物に比べて猫は肉球が柔らかいのが特徴です。

とくに室内で暮らす飼い猫の場合、ゴツゴツとしたコンクリートなどを歩くことがないので、外で暮らすノラ猫よりも、よりプニプニと柔らかい傾向です。毛柄によりますが、淡いピンク色の肉球の猫が多く、柔らかい質感とその色味で、「猫の肉球が一番かわいい！」という、いわゆる肉球フェチの飼い主は多いみたいですね。

柔らかいだけじゃない肉球の役割

肉球は、高い場所から飛び降りたときなどにクッションとなり、足にかかる衝撃を和らげる役割もあります。猫が物音を立てずに歩けるのもまた、足裏にある肉球がなせる技。

猫を飼っている人なら、猫がいつの間にか自分の後ろにいてビックリした、という経験があるのではないでしょうか。

可愛いだけじゃない触覚の優等生・肉球は、汗とも関係があります。猫の体の表面に汗腺はありませんが、例外として肉球と鼻にだけ汗をかきます。

もともとは猫も全身に汗腺があったと考えられていますが、祖先が半砂漠地帯で暮らすようになり、水分節約のために汗腺が退化したとみられています。やがて暑くない場所で暮らすようになると、さらに汗をかかなくなり、より汗腺が退化していったという説もあります。

それなのに肉球に汗腺が残っているのは、滑り止めとしての機能が必要だったからでしょう。猫がフローリングの床でも足を滑らせることなくスタスタ歩けるのは、じんわりと汗をかく肉球のおかげでもあります。

ちなみに、猫も緊張するシーンでは、人のように発汗します。たとえば動物病院が大の苦手という猫は多いと思いますが、その診察台の上では、肉球形に汗ジミが残るほど汗をかくことも少なくありません。その汗ジミを見るたび、心苦しくなる飼い主さんもいるでしょうね。かくいう私もその一人でした……。

最後に、猫の触覚器であるヒゲと肉球は、野生時代の狩りの成功率を上げるのに適応、進化してきたことをお伝えしておきましょう。

その狩りにおけるヒゲと肉球の役割はこうです。

まずはヒゲで周囲の障害物との距離を測り、肉球で物音を立てずに獲物に忍び寄り、最後に獲物が死んだかどうかヒゲを当てて振動で確認する……。

このようにして、重要な感覚器官として発達していったわけなのです。

コラム② 猫のシックスセンス

「野生の勘がはたらく」との言葉がありますが、野性が色濃く残っている猫は、文字通り、勘がよいといえるかもしれません。

本章で解説した猫の五感の鋭敏さは、人からしたら「アメージング！」の数々でしたよね。五感を研ぎ澄ますことが直感力アップにつながるとは、よく言われます。

5つの感覚を超えた、直感らしきものが「第六感」であるなら、この理論からすると猫も相当、鋭そうですよね。

実際、よく耳にする例を検証してみましょう。

「明日は愛猫を動物病院に連れて行こう」と夫婦でこそこそ話していたところ、翌朝になると猫がベッドの下に隠れて出てこない、といったケース。自分たちのプランを猫に見抜かれたと感じませんでしたか？

この例は一見、猫の予知能力のように思えますが、本当のところは察知能力なんですね。本章でも触れましたが、猫は五感の中でも、聴覚がとくに優れていて音には敏感です。人の話し声のトーンを聞き分けるとともに、飼い主の放つ微妙な雰囲気の変化から、「様子がいつもと違う」と気付き、前日から警戒していたわけです。耳がいいことと、縄張りを常にパトロールして異変を感じ取る力の合わせ技といっていいでしょう。

警戒心が強い猫は、察知能力に長(た)けているのです。

また、昔から猫には地震を予知する能力があるのではないか、という説がささやかれていました。

その説が確信に変わったのは、1995年に起きた阪神・淡路大震災の後です。専門家が動物病院などで聞き取り調査をしたところ、約4割の猫が地震の起きる前から突然興奮状態になるなど、ふだんと違う行動をとったことが判明したのです。

その理由としては、震源域の岩石が破壊されるときに大量に放出された電磁波に、猫が反応したのではないかということが有力視されています。地震予知のメカニズムの詳細はまだよくわかっていませんが、野性が強い猫には、何かしらの第六感が備わっていると考えられるのではないでしょうか。

さらに、猫の持つ不思議な能力としてアメリカで話題になったのが、「人の死を予知できる猫がいる」という話です。

アメリカの老人ホームで、セラピー目的で飼われている猫が、そばに寄り添った老人に限って、その数時間後に亡くなるというケースが続いたとか。

猫は嗅覚にも優れていますが、この猫はとくに並外れた嗅覚を持っていたため、死期が近い人のニオイを嗅ぎ取っていたのかもしれません。

第3章　猫脳が示す習性と行動

猫は孤独なハンター

この章では、猫の習性について、解説していきます。猫が生きてきたなかで長年培った動物の種としての習性を知ると、本質に一歩近づけるのではないでしょうか。

現在、私たちと暮らす猫は、飼い猫・ノラ猫を問わず、生物学的には「イエネコ」と呼ばれる種の動物です。犬の祖先が狼の一派の野生イヌだったように、イエネコの祖先は野生動物の「ヤマネコ」でした（祖先の詳しい話は第5章で）。

犬の場合、現在の犬種によっては、狼とは風貌が似ても似つかないケースが、多々あります。それに比べると、ヤマネコとイエネコは体の大きさや見た目に、それほど違いはないといわれます。

ライオン以外のネコ科の動物は、単独で縄張りをつくって1匹で行動します。それは、同じエリア内で食料の奪い合いの果てに各自の縄張りが確定すれば、共倒れになる恐れが回避されるからです。

イエネコの祖先である野生動物のヤマネコは、おもに野や山に生息していました。もちろん、単独で狩りも行っており、要するに、ヤマネコは孤独なハンターだったわけです。

ハンター・ヤマネコのメインターゲットとなったのは、野山にいるネズミと、スズメより大きな鳥でした。そのほかに、トカゲや蛇なども捕食します。なかなかにワイルドでしょう？

野生時代の狩りの成功率は、10回獲物に飛びかかって1回捕まえられる程度だったと考えられています。成功率10％という数字を見ると、ハンティングの実力が疑問視されそうですが、それでも他の動物と比べるとかなり優秀なんです。

何しろ、犬のように群れをつくって獲物を追うのではなく、猫は1匹で行っているのですから、より難易度の高い狩りを行っているといえます。単体で行う分、獲物を分ける必要もないので、コスパが高いわけです。ちなみに、猫のみならず、狩りに適した身体的特徴を持つ、ネコ科全般の動物は狩りが得意です。

現在のイエネコと比較しても、決して体が大きくはないヤマネコは、なぜ狩りの成功率が高かったのでしょうか？　ポイントは猫のもつ瞬発力と、鋭い爪と、太くて丈夫な牙にあります。

狩りの成功には感覚細胞が関係していた

猫の狩りの方法を再現してみましょう。

まず、獲物を見つけた猫は、身を低くして足音を立てずに忍び寄ります。そして、一気に獲物に飛びかかり、前足の爪で押さえ付けたら、首筋に牙（犬歯）でガブッと噛み付いて仕留めにかかります。

その際、猫は牙を獲物の頸椎の間に差し込ませ、神経を切断します。ピンポイントで正確に牙を入れられるのは、猫の歯の根元に特別な感覚細胞があるからです。とどめを刺したかどうかも、同様に感覚細胞が感じ取っています。

結果、獲物は即死です。自分の武器を存分に駆使した、実に無駄のない効率的な狩りの方法といえます。

獲物の
しとめ方の一例

ガブリ!

犬歯の根元の
感覚細胞でキャッチ!

また、地上でなく空を飛ぶ鳥を捕まえるときは、筋肉が発達した後ろ足が大活躍。猫は木登りが得意な上、体長の約5倍の高さまで跳ぶことができるので、鳥でも軽々と捕まえられるのです。

ではここで、猫脳にまつわる話を少々。

近年、スウェーデンを中心とした国際研究チームが、家畜のウサギと野生のウサギで、MRIを使って脳形態を比較する実験を行いました。その結果、家畜のウサギのほうが、野生のウサギより脳のサイズが小さいと判明したのです。

なお、同じ体の大きさの犬と狼の脳のサイズを比べても、犬の脳が20%ほど小さいというデータがあります。

これらのウサギと犬の脳の比較から、猫の場合も、ヤマネコよりイエネコのほうが脳のサイズが小さいと考えられています。脳の大脳皮質の感覚野についても、イエネコになってから縮小されているという説があります。

現代のイエネコは、人と共生することで狩りなどをする必要がなくなり、野生で生きるために必要だった脳の機能が退化していったのでしょう。

遺伝子に書き込まれている捕食性行動

野生のような脳の働きが、多少退化しているとはいえ、イエネコになってからも猫はしばしば「野生の本能を残している」といわれます。犬と比べても顕著で、それは基本的な、種特異的行動（他の種には見られない行動）の多くが、ほぼ完全にイエネコに残されているからです。

種特異的行動の代表として、「捕食性行動」があります。これは前述の狩りに通じるもので、〝獲物に忍び寄る〟、〝飛びかかる〟、〝前足で押さえ付ける〟、〝噛み付く〟といった行動パターンです。

母猫から教えられていない飼い猫でも、成猫になる頃には、これらの捕食性行動を、不完全ではあるもののできるようになります。つまり猫が獲物を捕まえるのは、環境や学習によるものではなく、脳の形成に関わる遺伝子にしっかりと書き込まれた、本能による行動なのです。第１章でご説明した、「猫は本能行動が強い」ことが、この捕食性行動からも証明されるというわけです。

たとえば、まだ飼い猫を外に出すのが一般的だった昭和の時代、たまに猫が持ち帰る〝戦利品〟に驚かされた飼い主は少なくないでしょう。トカゲやセミなどはまだかわいいもので、中には自分と大きさが変わらない、鳩やモグラを口いっぱいにくわえて帰ってきた、という武勇伝をもつ猫もいましたよね。

外に出たことのない完全室内飼いの猫でも、クモなどの虫を前足でチョイチョイして、いたぶって遊んでいる姿はよく目にします。これらは猫の遺伝子に組み込まれた、捕食性行動のなせる業（わざ）なのです。

ただ、飼い猫の場合は、捕食が目的でハンティングしているわけではありません。食事を与えられている飼い猫は、ひもじい思いをしていない代わりに、狩りという本能的な衝動を満足させることができていないのです。

そのうっぷんが、過剰に獲物を弄ぶという行動に向かわせているのではないか、と考えられています。かわいい顔をして、なかなかに残酷な猫の一面をうかがい知ることができるというものです。

さて、猫のハンターライフが影響を及ぼしている行動に、若い猫が毎晩のように繰り広げる、夜の〝大運動会〟があります。

野生時代のメインの獲物であった鳥などが動き出す時間は、明け方や、巣に帰る前の夕方です。この時間帯に狩りをすると、成功率はグーンとアップします。というのも、猫は薄明りでも獲物の姿をしっかりととらえることができますが（第２章　視覚のパート参照）、獲物は暗いと動きが鈍るからです。

この過去の習性がイエネコにも色濃く残っていて、飼い主が寝ている深夜の時間帯に、スイッチが入ったように目をランランとさせながら走り回るのです。飼い主にとっては悩ましい猫の行動ですが、健康な猫にとってはいたって自然なことなので、人が我慢するしかありませんね。逆にウチの猫は元気なんだと思ってもらえると幸いです……。

ヤマネコからイエネコへ、猫は数十万年の進化の過程で、体はもちろん、思考も行動も狩りという目的のために発達してきました。

昔も今も単独行動がベースにあるため、とても独立心が強く、飼い主であっても付かず離れずの関係を好むのが猫という動物です。そのような猫脳に深く刻み込まれている孤独なハンター魂は、この先も失われることはないでしょう。

発情と交尾の実態

猫が性に目覚めるのは、だいたい1歳前後です。猫年齢を人に換算すると18歳といったところでしょうか。

野生時代は1歳半〜2歳半で性的に成熟していたと考えられているので、イエネコになって随分と早くなっているようです。恐らく現代の猫のほうが、栄養条件が揃っているため、体の発育もいいからでしょう。

猫はメスのほうが早熟で、一般に4〜9カ月齢で発情します。犬のメスは排卵前に発情出血が見られることが知られていますが、猫にはありません。

一方、オスが性成熟する月齢は、7〜16カ月齢とだいぶ幅があり、メスに比べて遅くなります。

第1章でも少し触れましたが、猫の場合、発情という周期的な変化はメスだけに見られるのが特徴です。メスの〝恋人〟を求める、「アオ～ン、アオ～ン」という独特の鳴き声や、フェロモンなどに反応して、オスの性衝動が起こる仕組みになっています。

そして本来、メスの発情期は年に1回、1～3月の間だけでした。しかし、飼い猫となると、その他に初夏、秋と、3回ほど訪れることがあります。

こんなに発情期が増えたのは、飼い猫の栄養状態のよさと、季節を問わず照明が付いた明るい部屋で生活しているからと考えられます。部屋の明るさが発情期の増加と関連するのは、第1章でも触れたように、発情が、日長（日照時間の長さ）と深い関係にあるからです。明るさという意味では、太陽光でも人工灯でも同じです。

野生では、1日の日長が12～14時間以上になると、メスの身体は自然と発情していました。猫の妊娠期間は平均63日なので、春の暖かくて過ごしやすい時期に、出産と子育てができるようになっていったのでしょう。

猫の恋の駆け引き

このような季節に合わせて出産をする動物を「季節繁殖動物」といい、猫の他に馬や熊などが該当します。

日長が長くなり、猫の目から入る光の情報が多くなると、脳の視床下部などが作用して、睡眠ホルモンとも呼ばれるメラトニンの分泌が減っていきます。この減少が副腎を刺激して、副腎皮質ホルモンが出ると、また視床下部を刺激して発情に至ります。メスの体内で〝ホルモンのキャッチボール〟が繰り返されることで、発情ホルモンの量が増えていくんですね。

メスが発情に至ると、次はオスの出番です。発情したメスのフェロモンは400〜500メートル先か、風向きによってはそれ以上遠いところへ届くと考えられているので、お年頃を迎えたオスはすかさずキャッチします。

メスの鳴き声やフェロモンで発情を感知すると、オスの体はようやく、交尾ができる状態になるのです。するとオスのほうが、独特の鳴き声やスプレー行動（フェロモンの含まれるオシッコをスプレー状にかける）などをして、メスに猛アピールをしかけていきます。今度はこの刺激を受け、メスの体が子育ての準備に入ります。オスとメスはそのように交互に刺激し合いながら〝恋〟の駆け引きをしていくのです。

先に〝恋〟をしかけるのはメスですが、言い寄ってくるオスなら誰でもいい、というわけではありません。ノラ猫の場合、モテるメスは複数のオスに同時期にアプローチされることもあります。

ちなみに猫の世界では、顔立ちや毛並みの美しさではなく、体の大きさが選ばれる基準となることが多いようです。年齢は若ければいいというわけではなく、経験豊富な5～7歳のオスのほうが選ばれやすい傾向にあります。

メスの発情は10日ぐらいの周期で繰り返されます。そして発情がピークになると、オスの前で頭を下げて頬を地面に擦り付けるようにしながら、腰を上げてしっぽを立て、外陰部をさらすのです。そう、メスの猫は積極的なのです。

しかし、いざオスが近付くと、メスは我に返ったかのようにして逃げ出します。その後、メスは少し離れた場所から再度オスを誘惑します。

いってみればメスは〝じらしプレイ〟を繰り返すのです。猫は警戒心の強い動物で

猫の恋模様

すから、こうすることでオスが自分に対して敵意がないかどうかを、じっくり確認しているわけなのです。

オスはさんざんじらされながらも、わざとメスの前でくつろいだ様子を見せるなどして、敵意がないことを一所懸命にアピールします。そんなときのオスの気持ちを想像すると、なんとも健気というか滑稽というか……。

そうしてメスが油断した瞬間に、豹変したオスは一気に跳びかかるのです。メスに覆いかぶさるようにしながら首元をゆるく噛んで押さえ付けたら、メスの外陰部にペニスを挿入し、交尾に及びます。

これだけ長い時間をかけて交尾までこぎつけたにもかかわらず、行為自体はわずかに10秒ほどで終了です。ちなみに犬は30分くらいかかるので、猫は驚くほど無駄（？）がなく、短時間なのが特徴でしょう。

交尾が終わるや否や、メスはオスに対して激しい怒りをぶつけます。ときには鋭い前足の爪で思いっきりオスを引っかき、大切な存在である〝恋人〟を傷付けてしまうメスがいるほどです。

もしかしたら、いきなりオスに首元を嚙まれて押さえつけられるのが、メスにとってはとても不快なことなので、それが怒りの原因になっているのかもしれません。

妊娠率100%の理由は……

もうひとつの理由は、ペニスの形状にあると考えられています。猫のペニスの表面は小さなトゲのような突起状になっていて、付け根の方向を向いています。つまりペニスを抜く瞬間、メスには痛みを伴う刺激が生じるといいます。でも、そのような痛みを伴う交尾を、なぜ発情期間中に行うのか、疑問が残りますね。

メスにとっては迷惑な話ですが、ペニスを抜く際の刺激が、メスの妊娠に重要なポイントになっているのは確かです。というのも猫の排卵は交尾後に起こるからです。仕組みはこうです。

交尾による刺激が、膣から刺激や興奮を伝える求心性神経を通り、脳に伝えられます。

次に、脳の視床下部から命令が出て、ホルモンの分泌を行っている下垂体前葉から、黄体形成ホルモンが分泌されます。すると、交尾から24〜48時間後に、排卵が起こるのです。

こうして交尾のあとに排卵が起こるため、猫は、ほぼ１００％、確実に妊娠できます。このような排卵の仕方を「交尾排卵」と呼び、ウサギも同様です。じつに合理的な妊娠システムといっていいでしょう。

しかしこのシステムには、盲点があります。交尾が終わったメスは、近くでスタンバイしていた別のオスと交尾にいたることがあります。交尾後、排卵するまでに数時間あるため、続けざまに交尾が行われたときは、一度の出産で父親違いの子猫が生まれるケースがあるのです。人間に置き換えて考えると驚きですが、猫の強い生命力を物語っているかもしれません。

交尾の実況にお付き合いいただきましたが、この猫の交尾、たいていは夜、人気（ひとけ）のない場所で行われますから、人が現場を目にすることは、めったにないでしょう。

猫脳にも影響する子猫の社会化期

動物の脳神経は、母親のお腹に入っている胎児の頃につくられ始めます。人間の大脳・小脳・脳幹の基本的な構造は、3歳頃までにできあがるといわれています。

3歳という年齢を猫に換算すると、生後8〜12週齢くらいに該当するでしょうか。つまり、人間は3歳まで、猫は12週齢までが、脳の発達が著しい、とても重要な期間だということに疑いはありません。

子猫は生まれて1〜2週間で、視覚・聴覚が機能するようになり、ぼんやりと何かを見たり、音に反応したりするようになります。その後、感覚器や体の筋肉が発達し、歩いたり走ったり、物を食べたり、排泄をしたりと、自分でできることがどんどん増えていきます。

このように、新しい刺激をどんどん受け入れて、できることが増えていく、生後8〜12週齢の時期を、猫の「社会化期」と呼びます。

猫の性格は、両親から譲り受けた「遺伝子」、生まれてから経験していく「環境」、生理的に変化する「体の状態」の３つの要素が合わさって形成されていきます。

環境の中で、最も大きく影響するのが社会化期の過ごし方です。子猫がこの時期に、猫同士や人間、異種動物と多く接触することで、コミュニケーション能力を獲得することもわかっています。

ちなみに犬にも社会化期があり、生後3～14週齢といわれているので、時期については猫とほとんど変わらないでしょう。

子猫も子犬も、社会化期に触れたものや経験したことには、成長したあとも怖がることなく、接することができるようになる傾向にあります。

生まれて間もない頃から、積極的に人間とのいい触れ合いを体験させておくと、「人は怖くない」「人は安心できる存在」などと脳が記憶します。これには、第1章でご説明した猫脳の扁桃体や海馬が関係しています。脳の記憶によって、成長後も人に対して警戒心を抱かない、飼いやすい猫や犬に成長していくのです。

また、人と触れ合う時間や回数が多く、特定の人だけでなく多くの人と触れ合ったほうが、その傾向はより強くなることもわかっています。

人間のほかに影響が大きいのは、きょうだい猫の存在です。猫は一回の出産で、4匹前後の子猫が誕生するので、多くはきょうだい猫がいます。

子猫同士で一緒に過ごす中で、相手を傷付けないじゃれ合い方などを身をもって学びます。そうした学習が、飼い主をむやみに噛んだり、引っかいたりする、困った行動の軽減につながると考えられます。

今後期待される8週齢規制

この社会化期は、ペットショップなどの生体販売とも大きなかかわりがあります。というのも、生まれた環境から子猫をあまりに早い時期に引き離すと、人への攻撃などの、問題行動を起こしやすくなるからです。

そのため、すでに欧米先進国では、8週齢未満の子猫・子犬を母親から引き離して、販売のために引き渡したり、展示したりすることを禁じる、いわゆる「8週齢規制」が一般的となっています。

２０１７年、フィンランドのヘルシンキ大学で、猫のブリーダーや飼い主に対してアンケート調査が実施されました。

その結果、８週齢前に母猫から引き離した子猫は、12～13週齢で引き離された子猫と比較して、問題行動を起こす確率がかなり高かったのです。わずか1カ月程の違いですが、子猫の社会化において、８～12週の期間がいかに大切なのかが、この調査により判明しました。

子犬で同様の調査を行っている国もあり、そちらでも早く分離されたほうが問題行動を起こす可能性がより高い、という結果が出ています。

日本においては、なかなか8週齢規制が通用せず、これまでは生後50日以降の引き渡しが可能でした。よりかわいい子猫の時期に販売したほうが、売る側にも買う側にもメリットがあるからでしょう。

しかし、２０１９年6月、動物愛護法改正により、日本でも8週齢規制が強化されることとなりました。すでに大手ペットショップでは「8週齢（生後57日）以降の引き渡しを推奨する」と発表しています。

ただ、子猫が8週齢を過ぎたら販売してもOKなのではなく、8週齢までは必ず母猫と過ごさせる、ということが肝要です。

ようやく日本でも、国会で子猫や子犬の社会化期の重要性を問う時代になり、欧米先進国に近付いているのは喜ばしいことです。

しかしながら猫脳の観点からすると、子猫の脳の発達が著しい社会化期は12週までなので、今後はさらに引き渡しの時期が延びることを願わずにはいられません。

母猫から教わる4つのルール

ここでは母猫と子猫の関係についてお話ししたいと思います。

哺乳類の赤ちゃんは、母親にお世話をしてもらわなければ生きていけません。もちろん猫もそうです。

人間と同様に、猫も出産すると体内のホルモンが変化して、母性行動をします。これは子猫の体を舐めて清潔に保ったり、お乳を飲ませて栄養を与えたり、排泄を促したりすることです。

母猫の本能的な母性行動は、動物の生存本能に深く関係する、猫脳の大脳辺縁系が深く関わっています。

第1章でもご説明しましたが、大脳辺縁系の一部である扁桃体は、愛着形成に関与しています。猫脳の中では発達している領域なので、その点では猫は母性愛が強い動物だといえるかもしれません。

猫の母性行動で特筆すべきは、猫社会における生き方のルールを、わずかな期間で子猫に教える能力だといえるでしょう。この「わずかな期間」がポイントです。

というのも、猫は単独で行動する動物なので、母猫と子猫の関係であっても、ずっと一緒にいるわけではありません。早く子離れします。生涯、親子がずっとベッタリだというケースは、飼い猫特有のものなのです。

猫の妊娠期間は約2カ月なので、環境や時期にもよりますが、年に2〜3回の出産が可能です。母猫は次の妊娠・出産に向けて、準備に入らなければならないことも影響しているのでしょう。だから、ゆっくりと子育てに時間をかけてはいられないのですね。

母猫の教育は、子猫が乳離れして体力が付き始める5週齢頃から始まり、8週齢頃にはほぼ終了していると考えられています。そして、子猫が6カ月齢になる頃には、完全に独立するのです。

猫の6カ月齢は、人に換算すると10歳前後に該当しますから、小学生で親離れ・子離れとは、人の感覚だと、ずいぶん過酷な状況ですよね。そしてその年齢は、メスだと最初の発情を迎える時期になります。半年前に生まれたばかりなのに、もう自分が母猫になる番です。何でも人と比較するのもよくないですが、とてもスピーディなのが猫生なのです。

母猫は短い時間ですべてを教える

さて、母猫が子猫に教えるルールを具体的にみていきましょう。ルールはおもに4つあります。

1つ目が、生きる上で最も大切な「食べ物」についてです。

子猫の歯は5週齢頃には生え揃うので、この時期に離乳が始まります。そのあたりで母猫が、食べても大丈夫なものや、狩りの仕方などを教え出します。

母猫はまず獲物を持ち帰り、動く小動物はじゃれる相手ではなく獲物だということを教えるために、子猫の前で咬み殺して見せます。獲物は動かなくなりますから、子猫は咬むという殺し方を学ぶのです。

次に、それが食べ物であることを教えるため、母猫は子猫の前で獲物を食べてみせ、子猫は「咬み殺した獲物を食べる」ことを学びます。

その後は一緒に狩りに出かけます。母猫は、獲物への忍び寄り方や、仕留め方を見せて覚えさせてから、子猫に実地訓練をさせるのです。こうして子猫は、狩りをして殺して食べる、という全行程をマスターしていきます。

２つ目は「安全」についてです。

移動をするとき、よちよち歩きの子猫を1匹で歩かせるのは危ないので、母猫は子猫の首筋をくわえて運びます。そうやって危険の少ない場所に連れて行き、安全な場所を教えるのです。

母猫は偉大

しかし、どんな場所であっても、敵に狙われることがあります。そんなときは、母猫は子猫を脅して敵から逃げることを教え、その態度から子猫は敵が何であるかを学びます。

母猫が、敵から子猫を守ろうとする本能は非常に強いものです。たとえ自分の体より大きな動物であっても、猛攻撃をしかけて体を張って追い返し、子猫の身を守ります。これこそ「母は強し」ですね。

３つ目は「仲間との付き合い方」で、他の猫とのトラブルを避ける術です。子猫がじゃれて噛み付いてきたら、母猫は噛み返して力の加減を教えます。そこで、強く噛み過ぎると、相手が痛がるのだということを、子猫に教えます。

社交術も生きるうえで欠かせないマナーです。

子猫が目を凝視してきたら、母猫が怒り、敵意の意味を伝えます。猫にとって、目をジッと見つめるのは敵意の表れだからです。

猫社会のルールについては、次のパートでも詳しく解説しますが、猫社会では、ボス猫に遭遇したときにうっかり目を合わせてしまうと、攻撃の対象になりかねません。

そのようなことがないように、子猫の頃からしっかりと挨拶の流儀を教えることが大切なのです。

そして4つ目は「人との付き合い方」です。

飼い猫の場合、子猫は、母猫の飼い主に対する態度や接し方を見て真似をしたり、人との距離感を体得していきます。ですから、飼い猫が生んだ子猫は、初めから人間の家族に対して無警戒で、人に対してフレンドリーな性格になりやすい傾向があります。

ノラ猫の場合、母猫が人間を警戒して避けていれば、子猫も同じように行動します。長い期間、外で生活をしていたノラ猫を家に迎えたとき、人に心を開くのに時間がかかるのは、母猫の態度を見て育っているためです。馴れるまで時間がかかりますが、仕方がないことと、覚悟しましょう。

このような猫社会のルールを、母猫はごく短期間で子猫に教え込み、そして子猫は一生分の生きる知恵を授かって独立をします。そこに、母猫の深い〝愛〟を感じずにはいられません。異論反論はあるでしょうが、親の役目は、子を自立させることに尽きる。私はそう思います。その点、人間も猫から教わったほうがいいかもしれません。

先着順で決まる勝ち負けはシンプル

本章の冒頭でもお話ししたように、猫は孤独なハンターです。単独行動が基本なので、他の猫のことは我関せずと、まったくのソロ活動でしょうか。いやじつは、猫にも猫社会が存在するのです。犬のように群れで行動するわけではないのですが、外で暮らす猫たちは、ゆるいグループを形成することがあります。

猫の縄張りには、寝たり子育てしたりするホームエリアと、獲物を求めて行動するハンティングエリアがあります。このハンティングエリアは広く、他の猫と共有することもあります。餌場を同じくする関係性が、ゆるいグループにあたります。

共有する餌場では、顔を見知った猫同士は、さりげなく知らんぷりするのが、猫社会におけるルールです。知らんぷりしながらも、お互いのことはよく観察しています。猫社会では、相手の顔を見ることは敵意の表れになるので、親やきょうだい猫以外には目を見ないことが礼儀なのです。

見知らぬ猫と出会った場合も、できるだけ目を合わせないようにします。目をそらさなかったらケンカに発展してしまうからです。人同士でもありますよね？「ガン飛ばしやがって」っていう怖いやつです。ただし猫は一匹狼ならぬ一匹猫ですから、できるだけケンカはしたくありません。傷ついたらハンティングができなくなって命も危うくなるからです。そういう意味では、猫は非常に平和を好む生き物なのです。

縄張り内で、見知らぬオス猫同士が出会ってしまってケンカに発展しそうな状況でも、できるだけ鳴き合いだけで決着をつけようとします。鳴き合いやにらみ合いで迫力負けしたほうが、姿勢を低くして降参のポーズをとるなどして優劣が決まります。ケンカをして優劣が決まることもありますが、実際は少ないようですね。お互い傷つけあっても仕方ないからです。

そして、一度優劣が決まると、同じ猫同士で争いになることはありません。猫社会は、人のそれより、ずっと仁義を重んじているように見えます。脳の構造でいったらよほど人のほうが理性的であるはずなのに、不思議なものです。

猫のゆるいグループの中には、ボス的な猫も存在します。ノラ猫が出没するエリアでは、いかにもボス猫のような、ふてぶてしい表情をした猫にたまに遭遇しますよね。しかしながら、このボス猫、サル山におけるボス猿のような存在ではありません。先に述べた、出会い頭の鳴き合いで迫力があったり、見るからに身体が大きかったりして他の猫たちが尻込みするようなオス猫が、グループの上位に君臨するといった感じでしょうか。

グループの中では、優位なボスらしき猫以外は、すべて同等になります。しかし、猫社会でユニークなのが、この優位劣位、いわば「勝ち負け」が、時と状況によって入れ替わることです。とくにその傾向が顕著なのが、場所取りに関してです。たとえば、とあるイイ場所に、劣位の猫が先に座っているとしましょう。そこに優位な猫がやって来ます。すると、優位なはずの猫は座りたくても、「おい、どけよ」みたいなことにはならないんですね。なぜか遠慮して、違う場所に座るといった行動に出る。これが人だったら、部長の席に平社員が座っていたとしたら、部長が来たらすぐどくだろうし、部長も睨みを利かしたり、咳払いをしたりして、平社員をどかそうとします。その意味では、猫の優劣などの順位は、結構いい加減で、ゆるいものなんですね。場所の権利は、先着順なわけです。そしてそれはある意味、とても公平といえます。

では室内飼いの猫の場合、順位はどうなるのでしょうか？　最近は猫を複数飼いしているケースが増えているようですが、狭い空間で猫たちが縄張りを共有しているため、トラブルは起こりやすくなります。

一般に、猫の数が3匹以上になると、とくにトラブルになる可能性が高まるといわれています。なぜなら、2匹では1対1なので、力関係がわかりやすく、一度強いほうがはっきりすると、争いになりにくいからです。

猫社会にもいじめが存在する

しかし、3匹になると、縄張りがより狭くなり、お互いの優劣も定まりにくくなります。その結果、ケンカに発展しやすくなるのです。また、3匹のうちの2匹が仲良くなったりすると、1匹が孤立することも考えられます。それでも、しょっちゅう激しいケンカになるなど、問題が起きなければなんとか折り合いを付けてやっていけるのでしょうが、なかには、「いじめ」が発生することも。

そうです、猫社会でも「いじめ問題」はあります。なんとも切ないですが、人でも3人集まると、必ず2対1の構図ができ、「いじめ」が起きやすくなるといわれますよね。それが集団の悲しさでもあります。ただ、猫の「いじめ」は、概して飼い主をめぐっての嫉妬が中心です。いわゆるやきもちです。飼い主にいつも可愛がられる、食事を優先的にもらっている猫がいると、飼い主の留守に、他の猫からいじめられることがあるのです。

いじめといっても、陰湿なものではありません。食事を横取りされたり、追いかけられたりするのが関の山でしょう。とはいえ、「いじめ」が続くと、いじめられた猫は、ストレスから粗相をしたり、体調を崩したりする恐れがあるので（ストレスについては、第5章参照）、飼い主としては、対策を講じたいものです。

飼い主は、いじめられた猫ではなく、いじめたほうの猫を充分フォローしてあげましょう。できる限り優先するようにすると、「いじめ」行動が収まることもあります。

それでも猫同士の相性が悪い場合は、縄張り（生活スペース）を分ける方法も視野に入れたほうがいいでしょう。

近年、登録が義務でない、しつけが要らない、散歩しなくていい、などの理由から、猫の複数飼いが留まるところを知らず、あっという間に何十匹にも増えてしまうケースが見られます。多頭飼育崩壊といった社会問題にも発展していることは、ご存知の方も多いでしょう。

これは人にとっても問題なだけでなく、猫サイドからしても、大迷惑な話なんですね。猫の多頭飼いは、増えても3~5匹以内に収めたいものです。数の根拠は、ノラ猫がハンティングエリアで出会う可能性のある匹数だから。生活スペースの広さにもよりますが、猫の健康面を考えると、安易な多頭飼いはお勧めしません。繰り返しますが、猫が縄張りで生きる動物という理解を、深めていただきたいものです。

どっこい社会性もある猫

猫が形成する、ゆるいグループの話に戻りましょう。猫は、ハンティングエリアを共有しながら、会っても知らん顔という、クールな付き合い方をするのが基本ですが、一方で、ときどき決まった場所に集まることがあります。猫好きなら、一度は耳にしたことがあるだろう「猫の集会」というものです。

数匹の猫が公園などに集まり、一定の距離を取りながら何をするでもなく、佇んでいるのです。この集会がいったい、何のために行われているか、明確な答えはまだ出ていないようですが、共有エリア内の仲間の生存確認、新顔はいないか、発情しているメス猫はいないか、等々の情報交換をしている説が有力視されています。お互い、顔を突き合わせながら、人には聴こえない高周波の鳴き声で「会話」しているのかもしれません。いずれにせよ、獲物を共有する「仲間」意識はあり、猫社会のルールに基づいて〝絆〟を強めているような雰囲気さえ見受けられます。

猫社会を観察してみてわかったことは、猫は、その習性から孤独を愛してやまない動物かと思いきや、集団生活もやぶさかではないという点でした。意外にも状況次第で柔軟に動ける、社会性のある生き物なのです。この猫の独特な行動様式が、人には不思議であり、魅力的にも映る理由なのでしょうね。

コラム③　猫の帰巣本能

昔から「犬は人に付き、猫は家に付く」といいますよね。犬は人になつくけど、猫は人よりも住処(すみか)のほうを選ぶという、犬と猫の性質の違いを端的に表している言葉です。

猫を含む肉食の動物は、獲物を確保するために強い縄張り意識をもっています。そのため、縄張りである住処が何より重要だというのは真実です。

母猫の子育て期を除き、基本的に縄張りは1匹だけのエリアです。ノラ猫の場合、ふだんの行動範囲は直径約500メートルといわれています。

室内飼いの猫の場合、家の中が縄張りになります。なので、たとえ飼い猫が脱走しても、敷地内の庭など、程近い場所に潜んでいることが多いのです。

ただ、外に出たときにノラ猫に遭遇するなどして、縄張りから大幅に飛び出してしまう場合があります。以前行われた実験によると、半径12キロくらいなら猫は自分の家の方向がわかるようですが、それ以上の距離になると迷子になる猫が多くなるのです。

そんな猫ですから、遠く離れた場所から戻ってくる帰巣本能は低いように思われがちですが、昔から都市伝説的に、猫の帰巣本能にまつわる話がちょくちょく話題になります。

比較的新しいところでいうと、5年ほど前、アメリカのフロリダ州でこんなニュースがありました。飼い主と旅行中に行方不明になった猫が、約320キロの道のりを数カ月かけて、無事に家に戻ってきたというのです。

日本でも同じくらいの距離を戻ってきた猫の話がありますが、マイクロチップを装着していたわけではないので、真実は定かではありません。

そのような帰巣本能のメカニズムはまだ科学的に解明されていない部分が多いのですが、動物の生理的な時間感覚である体内時計が関係しているという説が有力です。

数百キロも離れたところに移動すると、元にいた場所での体内時計と、太陽の位置にズレが生じます。このズレを修正しようとある方向に進んでいくことで、元にいた位置に辿り着くという考えです。

そのほか、多くの動物には体の中に地球の磁気を感じ取るコンパスのようなものが備わっているという「磁気感知」説や、優れた視覚・聴覚・嗅覚によって得られる情報から自分の頭の中に一種の地図をつくりあげる「感覚地図」説もあります。

猫の場合、帰巣本能にはかなりの個体差があると考えられ、また完全室内飼いの猫がその能力を発揮する可能性は低いでしょう。外に飛び出した猫が行方不明にならないよう、飼い主は脱走対策をしっかりしておきたいところです。

第4章

猫の「ココロ」その世界を覗くと…

知能について　2歳児より上？

さて、猫に「ココロ」はあるのでしょうか？　人はつい動物を擬人化して考えてしまう傾向があります。でも、そもそも「人」のことでさえ、全てが解明されているわけではありません。とくに脳については、今も説明がつかないことだらけですが、「心の病気」＝「脳の疾患」であることは、広く知られてきているかもしれません。感情や気持ち、心といったものをコントロールしている大元は、脳と考えていいでしょう。実際、人の感情や「ココロ」が脳によって生み出されていることがちゃんと解明されています。

脳が心を作り出していると決定づけられた有名なエピソードがあります。１８４８年、米国バーモント州の鉄道技師フィネアス・ゲージは、鉄の棒が頭部を貫くという大事故に遭います。一命をとりとめたゲージでしたが、脳の前頭葉の多くが損なわれたあと、それまでの温厚で誠実な性格が一変したのです。事故後ゲージは、嘘つきで怒りっぽくなり、周囲とも軋轢（あつれき）をうみ、結果、仕事を解雇されてしまいます。この事例から、脳の損傷は人格までも変えてしまうことがわかったといわれています。

ごっこ遊びができる動物は知能が高い

「ココロ」＝脳の働きと仮定すると、猫の心（気持ち）を考えるとき、猫脳についての理解が肝要になります。猫の知能は、一般に人でいうと2～3歳児くらいといわれます。ただこれを鵜呑みにするのは、少し違うような気がします。なぜなら、人との比較は、子供の発達段階の指標を基本に、猫ができそうなことを当てはめて判断したものなのですが、そもそも人と猫とでは行動のあり方も、必要とされる能力も大きく違いますから、当てはまらない部分も少なくありません。

たとえば、猫は単語なら約２００語は覚えられるといわれます。また、第1章でお話ししましたが、猫は記憶力に非常に長けています。その点では、2～3歳児より知能が高いと考えてもいいでしょう。

猫の知能の高さを裏付ける行動に、子猫のときに見せる、「ひとり遊び」があります。子猫は、よくクシャッと丸めた紙など他愛ないものを獲物に見立てて狩り遊びをします。これはある意味、ごっこ遊び。状況を空想しているわけですから、知能が高くないとできない遊びで、猿のなかでもニホンザルやオランウータンなどの真猿類やカワウソ、イルカなどによく見られる行動です。

真猿類が出てきたところで、チンパンジーとゴリラの知能の比較を例にしてみましょう。両者の知能の程度は、ほぼ同じですが、チンパンジーは反応が顕著で陽気なぶん、利口に見えがちです。一方ゴリラは黙っているから賢く見えない。それと同じことが、猫と犬との比較でも言えるかもしれません。

ペットとしてよく比較されがちな犬と猫ですが、犬のほうが賢いと思われている人もいることでしょう。犬は陽気で（おおむね）、人の言うことを聞く（おおむね）から、猫よりも賢く見えがちですが、一般に知られる知能としては、犬も猫もほぼ同じなんですね。猫が犬のようにしつけられないのは、人の言うことがわからないからではありません。その理由は、第5章で詳しくお話しするとして、犬は集団行動、猫は単独行動という違いがあり、そのぶん猫は自立的な行動を得意とします。そうした一面からも、猫は人が思う以上に知能が高いと考えてもいいようです。

猫にあるのは喜怒「愛」楽？

さて、猫の感情を探ってみましょう。

第1章で説明しましたが、猫脳は、いちばん外側の「霊長類の脳」と呼ばれる大脳新皮質が非常に少ないため、人のように理性を働かせる「意識的な感情」より、本能的な感情である「情動」が多くを占めています。意識的な感情は、人では大脳新皮質内の前頭前野がつかさどっていますが、猫にもこの前頭前野があります。ただし、少ない前頭前野がどこまで機能しているかは、まだよくわかっていないのが実情です。

すなわち、猫の感情＝気持ちは、ほとんど大脳辺縁系がつかさどる情動ということになります。情動は本能に沿って湧く気持ちで、たとえば、楽しい、興味がある、怒る、イライラする、怖い、不安、（子猫などの）世話をしたい、食べたい、交尾したい、好きな相手と離れたくない、眠い、などです。

猫はこれらの感情を全身で表現しています。なかでも猫の気持ちが表れやすいのが、しっぽや体勢ですが、じつは猫は驚くほど表情にも気持ちが表れます。猫は、単独行動をする動物のため、表情が乏しく思われがちですが、じつはネコ科動物は、表情筋が多いことで知られる生き物なのです。よく動く耳、マズル（上唇）と連動して動くヒゲが表情筋の多さの現れともいえますね。さらに自在に閉じ開きする瞳孔を見れば、だいたい猫の感情を想像できるでしょう。

人の代表的な感情を表す言葉に「喜怒哀楽」がありますが、さしずめ猫だと、「喜怒〝愛〟楽」のほうが近いでしょうか？　哀に当たる悲しみは、猫にはありません。厳しい野生では、悲しんでいたら生きていけませんよね。心を痛める＝哀しむ気持ちは、言ってみれば意識的な感情にあたるので、その点でも、猫には悲しみの感情がないと考えてもいいでしょう。猫を飼っている人なら、「そんなはずはない、私が出かけるそぶりを見せると、愛猫は寂しそうにこちらを見ている。きっと悲しいからに違いない」なんて、言いたくなるのはわかります。でも残念ながら猫は飼い主さんの外出を悲しんでいるわけではなく、ご飯をもらえなくなる心配程度でしょうね、きっと。

猫は意外と表情豊か

では実際に、猫は「喜怒愛楽」をどのように表現しているのでしょうか。主に表情から探ってみましょう。

「喜」…猫にとっての喜びは、食欲などの本能が満たされること。本能には狩りなどの興奮につながるものもあるので、このときの猫は、いってみれば瞳が輝くような、生き生きとした表情になります。耳はしっかりと立ち、大きく目を見開きます。このとき、瞳に光が多く入ることで、キラキラ輝いて見えるんですね。ヒゲは興奮のために根元に力が入りピンと張ります。そんなときはマズルがふっくらするためか、猫が笑っているように見えるんですね。この笑顔については、飼い猫になってから、より見られるようになったといわれています。飼い主や同居猫などと密接に過ごすうちに喜びの表現も増えてきたのでしょう。

「怒」…猫は、単独行動で生きてきた動物なので、とくに警戒心が強い傾向があります。そのため、恐怖や怒りの表現は多いほうでしょう。「猫は怖い」という印象をもつ人がいるのも、猫が怒りのあまりシャーッ！　と威嚇している姿を目にしたことがあるからではないでしょうか。そう、いわゆる化け猫のような表情になります。大きく口を開けて上下の犬歯を見せ、シャーッと鳴きます。耳は、イカ耳といわれるように後ろに反らせるか、頭に添わせるように倒します。目を大きく見開き、対象を凝視し、瞳孔は細長くなります。怒りで顔に力が入るので、ヒゲも上がり、ピンと張ります。同時に全身の被毛も逆立ち、身体を大きく見せて、相手にこれ以上の攻撃を諦めさせようとします。

「愛」…これを飼い主や同居猫へ見せる親愛の表現とすると、そのときの猫は、安心していて、非常にリラックスした状態にあると考えられます。全身の力が抜けていて、表情筋がゆるんでうっとりした表情に。野生の猫では、あまり見かけない表情でしょう。飼い猫ならではの、全身をダラダラさせてゆるみきった様子に、「おいおい、そこまで〝おだらけ〟で、いいんかい？」と、突っ込みたくなる飼い主もいることでしょう。目は半開きになり、目頭には瞬膜という白い保護膜が見えることも。耳は自然と外側に向き、ヒゲはだらんと垂れ、口は半開きになって、舌をしまわず、チョロッと出ている場合もあります。このとき全身は脱力しながら、くねくねと転がる猫もいるようですね。

「楽」…猫にとって、好奇心がわいたり、期待でワクワクしたりする状態が、すなわち「楽しい」感情。飼い猫だと、狩りの代わりとなる遊びや、食事をもらえる期待感でしょう。ヒゲは好奇心の対象を確認するために前へ前へと向きます。瞳は対象に合わせて細長くなり、その後瞳孔が開いて大きくなり、黒目がちに。よく、瞳が黒目がちだと、猫が可愛く見えるといわれますが、それは感情的にも嬉しいからなんですね。期待とワクワク感で、心拍数が上がると血流もよくなって、ピンク色の鼻をもつ猫は、真っ赤になることも。耳は、気になる対象の音源を探るため、小刻みに動かして、音の出どころへと向けます。

表情でわかる猫の感情

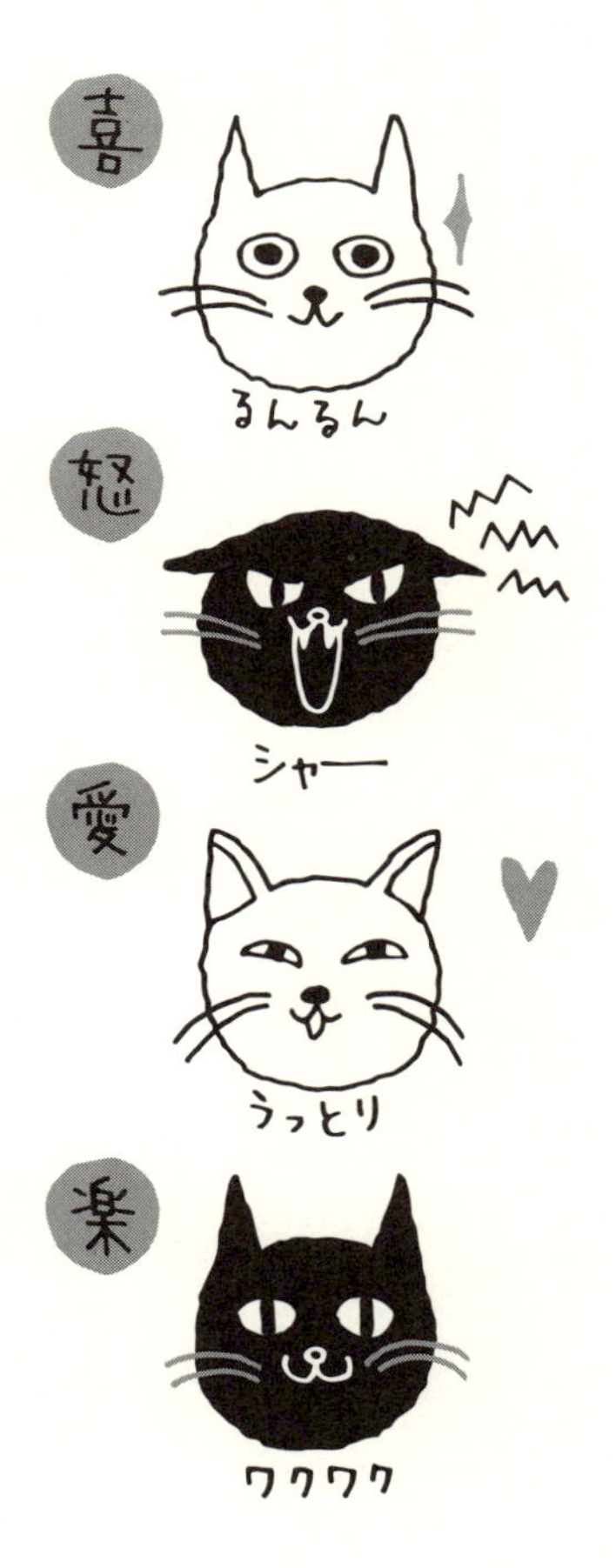

いかがですか？　表情だけを観察しても、意外と猫の感情がはっきり見てとれることが分かっていただけたのではないでしょうか。

面倒くさいとき猫はしっぽで返事している

顔の表情とともに、猫の感情がよく表れるのが、しっぽです。猫の場合、「しっぽは口ほどに物を言う」、でしょうか。猫のしっぽの代表的な動きと、そのときの猫の気持ちは、次のようになります。

「しっぽを垂直にピンと立てる」…もともとは子猫が母猫に近づく際にするしぐさです。子猫は生まれたての頃、母猫に肛門を舐めてもらって排泄を促されます。そのときにしっぽを立てることを覚えて、母猫に近づくときにはしっぽを立てるようになります。また、母猫が子猫を連れて狩りへ行くときには、母猫も子猫もしっぽをピンと立てています。これは、子猫が母猫の真似をしている意味もありますが、道中はぐれないように目印としてしっぽが機能しているのです。その名残で、しっぽをピンと立てているときの猫の気持ちは、「かまって」「ここにいるよ」「うれしい」などで、相手に好意を伝えている行動です。

「しっぽの先をパタパタと小さく振る」…飼い主が名前を呼んでも、猫は鳴かずにしっぽだけを動かすことってありませんか？　見るからに「面倒くささそ〜」なしぐさですが、まさしくその通り。鳴いたり、近寄っていったりするほどのことでもないと、猫は返事代わりにしっぽの先だけを振ります。また、何か興味をひく物があって、「少し気になる」気分のときも、しっぽの先を小さく振ることがあります。

「しっぽを激しく振って床にたたきつける」…こんなふうにしっぽを振るときの猫は、見るからに人相（猫相？）が悪いですよね。まさに機嫌は最悪といっていいでしょう。しっぽを床に打ち付けることで不満な気持ちを発散させています。音を立てることで、イライラ気分をアピールしているのです。こんなとき、下手にかまうと八つ当たりされる可能性もありますから、放っておいたほうがいいでしょう。

「足の間にしっぽを隠す」…猫はとてつもない恐怖を感じていると、このしぐさをします。動物病院の診察台でよく見受けられるしぐさではないでしょうか？　身体もこわばっているのがよくわかりますよね。しっぽを足の間に収めることで、肛門周りにフタをして、自分のニオイを消して恐怖の対象から自らを隠そうとしているのです。まったく歯が立たないボス猫に遭遇した際には、服従の意味も持つしぐさです。

「まるでタヌキのように、しっぽを大きく膨らませる」…猫がとても驚いたときや非常に怒っているときは、しっぽが通常の2〜3倍に膨らみます。この現象は交感神経が関与しています。第1章でご説明した、脳幹の視床下部に交感神経の中枢は存在し、刺激を受けると、この交感神経が緊張し、アドレナリンが分泌されます。それと同時に、体表の浅いところに張り巡らされた立毛筋が収縮してしっぽの毛を逆立てるのです。これは、人がぞっとしたりする際に「鳥肌が立つ」メカニズムと同様です。意識して行っているわけではなく、反射的な行動ですが、結果、しっぽだけでなく全身の毛も逆立ち、身体を大きく見せて威嚇しているのです。このように、猫のしっぽは雄

しっぽは雄弁

弁ですが、なかにはしっぽがない、あるいは短い猫もいることでしょう。そうなると、長いしっぽのようには感情を表せないので、飼い主は他の部位で猫の感情を読み取るようにしたいものです。

気まぐれなのは４つの気分が瞬時に入れ替わるから

ナ～オ、ナ～オとくっついてきて甘えたと思ったら、何かに気づいた途端、そっちに夢中になってしまう。気持ちよさそうにまったりしていたのに突然スイッチが入ったように爪をガリガリ研ぎ始める、食事をもらうためには擦り寄るけれど、食べたら知らんぷり。

そんな猫の行動に、「もう、気分屋なんだから」などと思う飼い主も多いことでしょう。気分がコロコロ変わる様が、自身に忠実で自由に生きている！　なんて勝手に思われたりして、「猫のように生きたい」と羨望の眼差しで見る人が多い傾向にあるようですね。

近年ここまで猫ブームが続いているのは、世知辛い世の中において、猫がナチュラルに気分屋を発揮しているからかもしれません。しかし、猫は好きで気分屋になっているわけではないのです。

飼い猫は子猫気分が強い

第1章でお話ししたように、猫脳は、大脳辺縁系が占める割合が多いので、本能行動が強く残っています。動物が生まれつき持っている、教わらなくても反応できる反射的な行動全般を、生得的行動といい、本能行動もこれに含まれます。

たとえば、前述の爪とぎや、目に留まったものへのチョッカイなどは、猫の本能による行動です。これは、ニオイや音、ヒゲが何かに当たるなどいくつかのきっかけが信号刺激となり、誘発されます。こうした本能行動は常に優先されるので、途中までしていたことは、すっかりそっちのけになり、猫は本能行動に突っ走ることになります。

この行動の切り替えの速さで、猫は厳しい野生を生き残ってきたともいえ、行動が瞬時に切り替わることから、気分屋に見えているわけなのでしょう。

とくに飼い猫は、食事を飼い主から与えられていることもあり、ずっと子猫気分が残っています。飼い猫は、そんな子猫気分を含めて日常的に４つの気分が入れ替わっているようです。以下が４つの気分です。

「野生猫気分」…繰り返しますが、猫脳は大脳辺縁系が多くを占めているので、本能が色濃く残っています。たとえ外の世界を知らない飼い猫でも、狩猟本能は強く、おもちゃで遊んだり、外を見ているとき虫や鳥などに反応したりすることで、すぐ狩猟モードに切り替わります。野生猫気分のときは、習性である単独行動の名残も強く出がちです。警戒心が強くなり、攻撃的になることも。縄張りの異変も気になり、さかんにパトロールしたがります。このときの猫は、一匹狼のつもりで、飼い主のことも目に入っていないようなもの。むやみに近づくと、敵とみなして攻撃してくることもあるから、気を付けたいものです。

「飼い猫気分」…これはわかりやすいでしょう。「ペット気分」といってもいいですね。飼い主に甘えてきたり、食事をおねだりしたり。警戒心が薄れ、部屋のど真ん中に陣取ってお腹を見せて寝ることも。人に守られている安心感から、無防備になっている状態。完全室内飼いの猫は、飼い猫気分が基本と考えてもいいかもしれません。家の中で人とのコミュニケーションが密接になった結果、甘えん坊の猫が増えているようですが、それは猫が飼い猫気分をうまく利用して、自身が楽に暮らそうとする戦略かもしれませんね。

「子猫気分」…本来、野生では成猫になると、子猫のような行動はしません。いうまでもなく、自立しないと生きていけないからです。しかしながら、食事を与えられ、甘える存在がいる飼い猫は、いつまでも子猫気分でいる傾向があります。具体的には、母猫に見せるような行動で、飼い主の体の上でふみふみ（前足を交互に動かして揉むこと）したり、飼い主の指を吸ったり、しっぽを立てて近づいて来て身体をこすりつけたり。飼い主から見て「無邪気でかわいい」ときの猫は、子猫気分といっていいでしょう。このとき、猫は飼い主を親猫に見立てているので、可能な範囲でその甘えは受け止めてあげたいですね。

「親猫気分」…自然環境豊かな地域だと、猫が飼い主の前に捕まえた蛇を置いていった、いやいやうちは鳩だった……そんな話を耳にしたことはありませんか？　え？うちはゴキブリ？　ネズミ？　そんな有難迷惑な行動は、猫の親猫気分から。飼い主を狩りができない子猫に見立てて、獲物を分け与えてくれているのです。飼い主をなめたり、同居猫をなめたりするのも、子猫を毛づくろいしてあげている気分。第３章でお話ししたように、猫は母性の本能が強く、たとえ母猫になったことがなくても、オス猫でも、本能として親猫気分は存在するのです。同居猫がいる場合は、より、相手の面倒を見るなどの行動に出るので、親猫気分は高まるようですね。

この気分の変化、せわしないな～と思うかもしれません。ですが、一方で猫は瞬時に気分を変えられるからこそ、ストレスを発散できているとも考えられています。何事も自分自身で賄える「セルフが強い」猫ですが、その点でも、理にかなった生存戦略なのでしょうね。

猫は鳴き方で人に気持ちを伝えている

ニャオ～ン、アオ～ン、ニャッニャッ、ンナ～オなど、一概に猫の鳴き声といっても、飼い主からすると、聴こえ方は様々なようですね。実際、猫の鳴き声は20種類弱ともいわれます。しかし、そもそも野生では猫はめったに鳴くことはありません。単独行動だから、仲間を呼ぶ必要はないですし、鳴いたら、敵や獲物である小動物に見つかってしまうからです。

そんな猫でも、鳴き声を駆使して、ほかの猫とコミュニケーションをとる場合があります。それは、子猫期、発情期、縄張り争いの時。子猫時代は、母猫に面倒を見てもらう必要があるので、自らの意思を伝えるために、母猫に鳴いて伝えます。子猫がひっきりなしにか細い鳴き声で、ミャーミャーと鳴いているのは、そのためです。

繁殖期になると、猫は異性を求めて歩き回ります。発情したノラ猫の鳴き声は、オスは太く低く、メスは高めになります。ンニャーオ、ンニャーオといった独特な鳴き声で自分の存在をアピールしているのです。いざ交尾となると、メス猫は痛みのあまりギャオーンとすごい声で鳴きます（第3章参照）。

縄張りで生きる猫は、自分の縄張りを守るために他の猫とケンカになることがあります。ただし、単独行動なので、ケガを負うと狩りができなくなり命にもかかわるので、無用なケンカは避ける傾向にあります。それでも気に入らぬ輩（やから）と出会ってしまったとき、猫はギャー、ギャアオー、シャーッなどといった激しく荒々しい鳴き方で、相手を警戒、威嚇し、これ以上近づくなよ、という意思を伝えます。

相手次第で鳴き方を変える

ネコ科動物のなかで、いちばん鳴くのは飼い猫です。人に頼って暮らす飼い猫は、いわば、いつまでたっても子猫気分。前述したように、子猫は母猫にして欲しいことを鳴いて伝えるので、飼い主にも鳴き声で伝えようとしているのです。

飼い猫が飼い主に向かって鳴くときは、ほとんどが要求を表しています。「ごはんをくれ〜」「遊んで〜」「甘えたいよ〜」など、鳴くことで飼い主に望みを叶えてもらえることを学習して繰り返しているのです。

第1章でお話ししたように、猫は記憶力が優れている動物です。とくに自分にとってのメリットとデメリットをよく記憶します。鳴くことで望みが叶った経験をすると、その鳴き方やタイミングなどを覚えて繰り返すようになります。

ですから、猫が鳴いても相手にしない人にはあまり鳴きません。おねだりに応えてくれる人に頻繁に鳴いてアピールするのです。これぞ「猫なで声」。鳴き声を使い分けて、自分のしたいことを通そうとする猫と、その戦略にまんまと引っかかる人間。「猫は鳴き声をわざと人間の赤ちゃんの声に似せて鳴いている」との説もあるらしく、まんまと猫にコントロールされてしまっている感のある人間ですが、両者が幸せなら、まあいいじゃないですか。

もっというと、飼い猫は口を開けても鳴き声を出さない場合があります。口を開けたら、鳴かずとも自分の願いが叶ってしまった経験から、鳴くことさえも面倒臭がっているケースがあるらしいのです。飼い猫、恐るべし。

ただこの場合、実際は鳴いているのに、人が聴きとれていないケースもあるようです。第2章でお話ししたように、人が聞こえている音の周波数は、２万３０００ヘルツまで。一方、猫は8万ヘルツの高音を出せるのです。この人と猫の音域のギャップによって、じつは猫が鳴いているのに、人には聴こえないという現象が起こるのですね。いずれにしても、人に向かって口を開けてアピールするのは、飼い猫ならではの行動。まさしく4つの気分のうちの「飼い猫気分」がマックスなのでしょう。

独特な「ゴロゴロ音」はどうして出るのか

口を開けて鳴かない、という独特な行動とは真逆の、口を閉じて鳴くパターンが、猫のゴロゴロ音でしょう。猫を飼ったことがある人なら、きっと一度は聞いたことがある、あの摩訶不思議な音です。喉を鳴らすというくらいなので、猫がゴロゴロ鳴いているときに首元に手を置くと、振動しているのがよくわかります。

最近になって、米国ルイジアナ州のテュレーン大学の研究チームが、このゴロゴロ音を詳細に調べました。それによると、猫のゴロゴロ音は約65デシベル（人が話すくらいの音量）で、喉頭が規則的に振動して起こるものと判明。喉頭の筋肉が、2枚の声帯にある隙間を開閉させて、喉を通る空気流を震わせていたのです（図10）。

このゴロゴロ音も、まさしく猫脳の仕業といえます。なぜなら、この振動は、神経細胞の興奮と関係しているからです。脳は、いってみれば神経細胞であるニューロンの集まりです。脳が働くときには、ニューロンからニューロンへ電気信号が流れます。この電気信号をインパルスといい、ニューロンが刺激を受けて興奮することで起こります。つまりインパルスが伝わることによって鳴るゴロゴロ音は、猫脳内の神経中枢の活動が関与していることになるわけです。

ゴロゴロ音は猫なりのメッセージ

ではなぜ、猫はゴロゴロと鳴くのでしょうか。いちばん有力なのは、母猫と子猫のコミュニケーションから始まったとの説です。猫は生後1週間で、母猫のお乳を吸っ

図10　ゴロゴロ音が出るしくみ

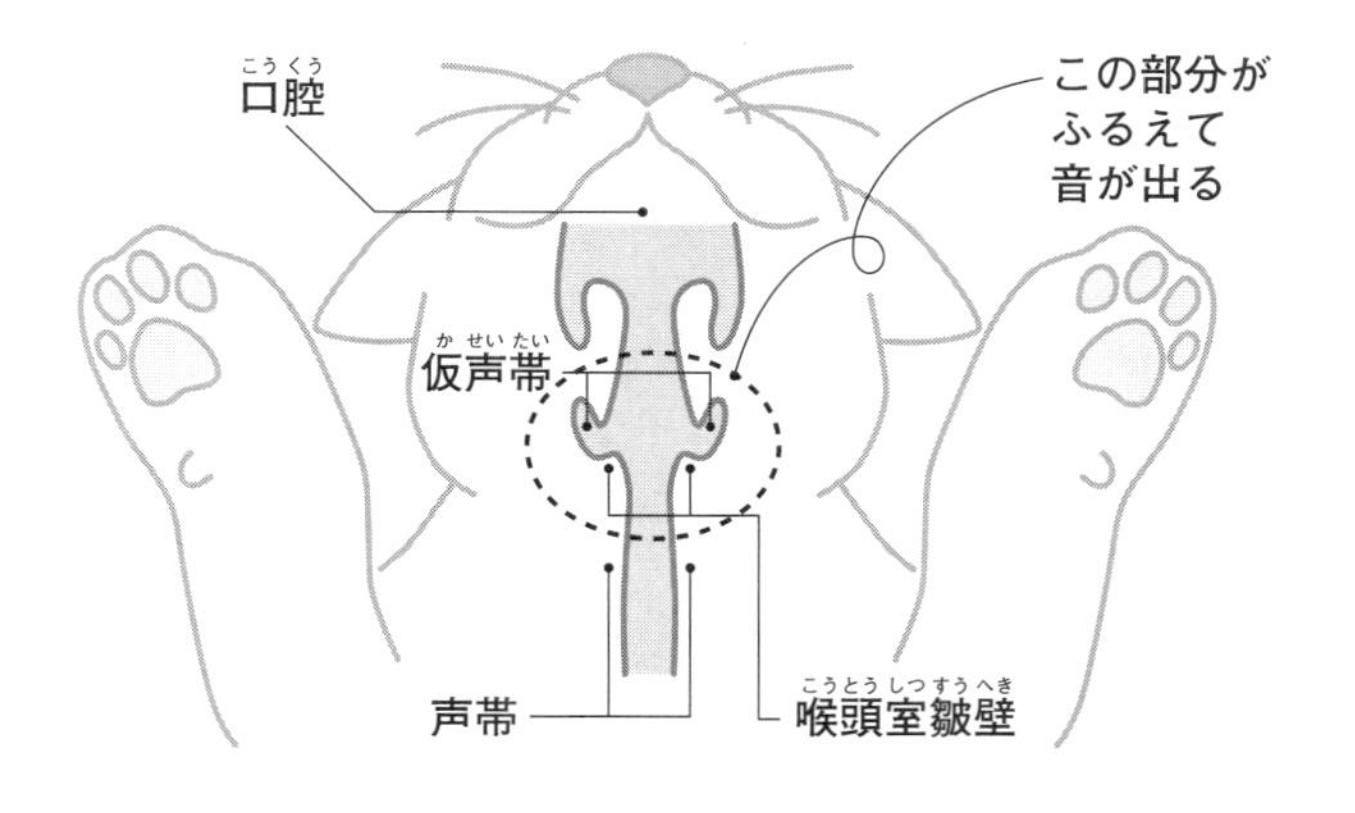

※『図解雑学　最新　ネコの心理』をもとに作成

ているときにゴロゴロ鳴き始めます。それは、「ここにいるよ、ちゃんとお乳を飲んでいるよ」と自分の無事を母猫に伝えたいから。ゴロゴロ鳴くと体が振動するので、母猫は横たわってお乳を与えていても、子猫の存在を感じることができます。

それでは子猫は本能的にゴロゴロの鳴き方を体得しているのでしょうか？　猫として生まれた以上、教わらなくても反射的にできる生得的行動かもしれませんが、そもそもは母猫から子猫にゴロゴロ鳴きかけたのがきっかけともいわれます。

母猫は、自らゴロゴロ喉を鳴らすことで、子猫に安心感を与えています。そのゴロゴロ音を真似て子猫も喉を鳴らすようになったとも考えられています。母猫と子猫のコミュニケーションでよく見られることから、猫がゴロゴロ鳴くのは、安心感や甘えの気持ちを表現していると広く知られているようです。

ですが猫がゴロゴロ鳴くのは、気分のいい時ばかりではありません。体の調子が悪い時や、ケガをして傷ついている時にも、猫はゴロゴロ喉を鳴らしているのがわかっています。それは、ゴロゴロ音の振動によって、自らを落ち着かせようとしているからだと考えられています。

第1章でお話ししましたが、猫脳は不安や恐怖に素早く反応する扁桃体が、よく機能しています。だからこそ、不安などが刺激要因となってインパルスが伝わり、ゴロゴロの振動が始まるのではないでしょうか。

こうしてみると、この独特なゴロゴロ音は、猫が他者に送るメッセージなんですね。確かにネガティブな意味を伝える状況もあるようですが、飼い猫だと、やはり飼い主に甘えるときにゴロゴロ鳴いていることが多いようです。飼い主が毛布など柔らかい布をかけてリラックスしているとき、猫は前足を交互に揉むように動かす「ふみふみ」と呼ばれるしぐさを見せます。これは子猫が母猫のお乳を飲むときに、お乳がよりよく出るようにしていた行動の名残。このとき、たいてい猫はゴロゴロ鳴いています。ふみふみとゴロゴロはまるで「甘え」セットのようです。このセット行動は、子猫気分が強いときの飼い猫ならではのもの。表情を見ると、うっとりとして恍惚状態になっています。飼い主を母猫に見立て、思い切り甘えているんですね。可愛いじゃありませんか。

こうやって人は騙されるという研究結果が、２００９年、イギリスで発表されました。なんでも、ゴロゴロ音とニャーニャーの鳴き声を混ぜた録音を50人に聞かせたところ、多くが、通常の鳴き声より緊急性を感じたというのです。つまり甘えるときのゴロゴロ音と、要求のときのニャーニャーという高い鳴き声をうまくミックスさせることによって猫が、ちゃっかり自分の願いを叶えているというわけです。

「ごはんをくれ〜」という要求を通すために、あの手この手を繰り出す猫。人よりも一枚も二枚も上手な感じがするのは、私だけでしょうか。

コラム④　猫はクラシック音楽愛好家

喉から不思議な音を出す猫ですが、このゴロゴロ音の独特なテンポを使用した猫のための音楽があるといいます。

2015年に米国のウィスコンシン大学で、猫がどのような音楽を好むかの実験が行われました。人が通常聴くより1オクターブ高い音を使ったり、猫の習性から好むリズムを採用したりして、同大学の研究者と音楽家が共同で作曲。それを47匹の猫に聴かせたところ、約80％の猫が興味を示したといいます。そのようにして猫が興味を示した曲を集めてCDにしたそうです。

確かに猫には好む音楽があることがわかっています。それは、クラシック音楽です。こちらも2015年、ポルトガルのリスボン大学の研究チームが、とある実験を行いました。

それは、全身麻酔をかけて避妊手術中の猫に、幾つかの異なるタイプの曲を聴かせて反応を見るというもの。その際、クラシック音楽を聴かせたときに、猫の呼吸数がいちばん落ち着いたというのです。音楽を聴かせないときよりも落ち着いていたというから、驚きですね。

もともと、猫はモーツァルトの音楽が好きという説もあります。それは、モーツァルトの曲が、高い周波数のものが多いから。第2章で解説したように、猫は可聴域が広く、人より3倍くらい高い音が聞き取れます。獲物である小動物の鳴き声が超音波であることから、高い音を好むのです。

モーツァルトの音楽は、人の脳にもいいことで知られていますね。高い周波数や独特のゆらぎのメロディが、自律神経の副交感神経に作用してセラピー効果が期待できるといわれています。

猫脳の観点からも、同様に自律神経のバランスを整えてくれているのかもしれません。また、モーツァルト自身も大の猫好きだったと伝えられていますから、そうした影響も曲に含まれているのかもしれませんね。勝手な妄想ですが……。

猫が好む音楽に関しては、さらなる研究が待たれるところですね。え、そんな研究需要があるかって？　いやいや一見役に立たないようでも、実際に猫が音楽によって癒されることがはっきりすれば、動物病院でのＢＧＭや引っ越し後などの、猫にとってストレスフルな状況などでも音楽セラピーが効力を発揮してくれるのではないでしょうか。

第5章

猫と人はどうしたらうまくやっていけるか

猫はいつから飼い猫になったか

現在、人と共に暮らしている猫は、生物学上は「イエネコ」といわれる動物です。イエネコの祖先は、中東・アフリカにかけて生息していたヨーロッパヤマネコの亜種（生物の分類区分のうちの下位区分）のリビアヤマネコであると考えられてきました。

その説を決定づけたのが2007年に発表された、米国の研究チームによる遺伝子解析です。研究チームが世界各地の約1000匹のイエネコの遺伝子を解析したところ、どの猫もリビアヤマネコが共通の祖先であることが判明したのです。

さらに遡るとリビアヤマネコの祖先は、食肉目のミアキスという、イタチのような動物です。森の中で進化していったミアキスの中から、狩りを得意とする動物が出現します。それが、ネコ科動物の誕生で、大体4000万~3000万年前といわれています。ネコ科動物のなかでも、小さな身体をもつ個体は、縄張り争いに負けて、森から徐々に追いやられます。獲物も少ない乾燥地帯で生き抜くほかなかった種がリビアヤマネコだったのです。

リビアヤマネコは、主に西アジアから北アフリカに生息し、トカゲやネズミを獲物にして少ない水分で生き延びてきました。毛柄は、黒と茶色の縞模様です。逆三角形の顔、とがった耳も含めて現在のキジトラ柄の猫によく似ており、外見だけ見ても、イエネコの祖先であることに疑いはないでしょう。

はじまりはwin-win

ではどうして、どんなことがきっかけで野生のリビアヤマネコが人と暮らすようになったのでしょうか？　それは、リビアヤマネコの主食がネズミだったから――。そう言い切っても過言ではなさそうです。

人類が農耕生活を送るようになった頃、貯蔵している穀物を狙ってネズミが大量発生します。食料を荒らされて人々が困り果てていたところに現れたのが、ネズミを捕獲してくれるリビアヤマネコでした。おそらく、リビアヤマネコも、餌を求めて移動するうちに、人間の集落に自然と近づいてしまったのでしょう。現代でいう、身近にあった餌が尽きて、近くの住宅街に出没し出す熊などの野生動物と、同じような背景があったのではないでしょうか。

最初は仕方なく、人間の居住地に近づいてきたわけですが、思いのほか、人に歓迎されてしまったのです。身体も小さく、人に危害を与えることもなく、生命線である穀物を狙うネズミを粛々と（想像ですが）退治してくれる。おまけに穀物には一切興味ナシ。人間にとって、こんなに都合のいい相棒はいません。

人から重宝され、その好待遇（？）に応えるかのごとく、人間の居住地に住み着いていったリビアヤマネコ。どうもそれが猫と人との友好的関係の始まりだったようです。

家畜というと違和感を覚える人もいるでしょうが、猫も家畜に分類されます。牛や馬、豚や犬など、家畜といわれる動物で、自分から人に近づいてきたのは、じつは猫だけなんですね。他の動物は、人が捕まえてきて飼いならしてきた歴史があります。ところが猫は違いました。猫の祖先であるリビアヤマネコは、自身にとっては通常のハンティングをしただけだったのに、妙に喜ばれてしまった。つまり、人と猫の出会いは、自然なｗｉｎ－ｗｉｎだったといえます。なんとも美しい邂逅（かいこう）でありますが、その運命的な出会いは、さていつ頃だったのでしょうか？

２００４年、地中海のキプロス島南部で、約９５００年前の墓から、猫の全身の骨が発掘されました。人の骨と寄り添うように横たわっていたのは推定8カ月齢のオスのリビアヤマネコだったのです。人と同じ墓に埋葬されていたこと、宝石や石器など大事にしていたと思われる物も一緒に埋葬されていたことなどから、猫が人にとって特別な存在だったであろうことが推測されます。

この発見の前までは、約４０００年前に、古代エジプトで猫の家畜化が始まったと考えられていました。エジプトで見つかった約３５００年前の壁画に猫が描かれていた、などの理由からです。キプロス島における大発見の結果、猫は大体1万年前から既に人と暮らすようになっていたことが判明したのです。しかし、キプロス島には、リビアヤマネコのような野生のネコ科動物が分布していなかったため、発掘された猫は、周辺のどこか、地中海東部の沿岸地域から持ち込まれた可能性も指摘されています。

幼形成熟という戦略

最初に人と暮らし始めた場所がどこかは不明な点も多いかもしれませんが、いずれにしても猫は、約1万年前に既に、家畜以上の存在として、人に愛され大切にされていたようです。猫が遥か昔から人々に愛でられていたことは、古代エジプトで猫が大変重宝され、田畑を守る豊穣の神様として崇められていた歴史からもうかがえます。

ただ、いかに猫が人の役に立つからといって、野生のリビアヤマネコが、こんなにも人と密接な関係を築けたのはなぜなのでしょうか？　その理由をひもとくキーワードとして挙げられるのが、「ネオテニー」です。

ネオテニーとは、いわば「幼児化」で、子どもの姿のまま、繁殖力をもつ大人になることです。幼形成熟といい、わかりやすい例だと、ウーパールーパーでしょうか？ずいぶん前になりますが、テレビコマーシャルで一躍人気になったこともありましたね。ウーパールーパーの正式名はアホロートルで、メキシコサンショウウオの幼形成熟になります。すぐ目に浮かぶ人もいると思いますが、ウーパールーパーは見るからに可愛らしい姿ですね。リビアヤマネコも、人の居住地で繁殖するようになり、ネオテニー化していき、現在のイエネコに近づいていったのでしょう。

人と暮らすうえでは、野性が強い猫より、甘えて擦り寄ってくる猫のほうが可愛がられるのは明らかです。人懐こい個体の繁殖が続くことによって、よりネオテニー化は進むことに。そこには後々、人為的繁殖も手伝ったでしょうが、猫にとっても、幼児化していくことがある種、餌が豊富にはない乾燥地帯で生き残るための戦略だったのかもしれません。

現在も存在する野生のリビアヤマネコと比較すると、イエネコは脳の大きさが小さいことがわかっています。第3章でも少し触れましたが、動物は家畜化すると、脳が縮小するんですね。それは、野生で使われていた脳の部位が必要とされなくなり、白質部分が縮むからです。ただし、脳全体が大きいからといって、野生のリビアヤマネコのほうがイエネコよりも知能が高いかというと、そうではありません。脳の縮小には、家畜化に伴って頭の大きさが小さくなる、噛む力が弱くなる、などが関係していると考えられます。動物園のライオンがいい例です。野生と比べると動物園にいるライオンは顔が横に広がってしまい、頭の形が変わります。その差は一目瞭然です。

リビアヤマネコによく似ているキジトラ柄の猫

進化の過程を振り返るとき、特筆すべきは、猫は家畜化されても、起源種であるリビアヤマネコから姿形が大きく変わっていない点です。他の家畜は、進化の過程で起源種と大きく変化しているのですが、猫の変化といえば、脳の縮小化と、身体全体が約25%小さくなったことくらいでしょうか。

前にも触れたように、キジトラ柄の猫は、リビアヤマネコによく似ていますよね。約1万年も前から、自身の姿形は変えずに、人の社会に上手く溶け込んできたところが、猫の驚くべき適応力といえるでしょう。はたまた、これも猫の生存戦略といってもいいのかもしれませんね。

猫はいつ頃日本に暮らし始めたのか

　猫が飼い猫として記録に登場する書物で、現存する最古のものが、『宇多天皇御記』です。宇多天皇が遺したこの日記には、中国から持ち込まれたと思われる黒猫を、父君である光孝天皇から譲ってもらって可愛がっていることや、猫の身体のサイズや特徴などが書かれています。日記の日付が寛平元年（８８９年）の２月６日とあるので、この頃すでに猫は人と暮らしていたことがわかります。

　日記に「猫が中国から来た」とあるように、宇多天皇の平安時代より前の奈良時代に、仏教伝来とともに、猫が船に乗せられてやってきたとも言い伝えられています。大事な経典をネズミに齧られないように、猫が見張り役とされたというのが広く知られた説です。

　このようなことから、日本で猫が人々の生活に入り込んできたのは、奈良時代～平安時代だと長らくいわれてきました。しかし、２００７～２００８年にかけて、その説を覆すような新たな発見が公になりました。

　奈良時代より以前からあった古墳や遺跡から、猫の足跡や骨が続けて見つかったのです。まず２００７年に発見されたのが、猫の足跡です。それは兵庫県姫路市の見野古墳で発掘された土器に、猫の足跡がついていたというもの。発掘された土器が作られたのが、飛鳥時代と判明していたので、猫は飛鳥時代に既に人に近いところで暮らしていた可能性が出てきました。

　そしてさらに２００８年、今度は長崎県壱岐島のカラカミ遺跡で、猫の骨が見つかりました。発掘された猫の骨を調べたところ、弥生時代のものであると鑑定されたのです。この相次ぐ発掘調査の結果から、以前から考えられてきた、「猫が人と暮らすようになったのは奈良時代～平安時代」との説が覆される事態となってきたのです。

　実際本当にいつからだったのか、まだ不明な点も多いとはいえ、弥生時代は、日本で農業が定着し、穀物も貯蔵され始めた頃といわれていますから、そこでネズミの駆除をする猫が既に人の役に立っていたと考えても不思議はないかもしれませんね。弥生時代は、今から２０００～２１００年前くらいでしょう。そんな遥か昔から、日本でも猫と人の関係性がスタートしていたのだと想像すると、なんとも嬉しくなりませんか？

人の言葉は理解しているのか

何千年も前から、人と生活してきた猫ですが、前述したように猫はこの長い間、体の形や大きさなどが起源種からほぼ変化していません。すなわち奇跡的に野性味も残したまま、人の側で生きてきたわけです。大雑把にいうと、「自分を変えない自由な生き物」である猫は、人間のことをどう捉えているか不思議に思いますよね。

飼い主は、猫に向かって「ニャニャニャニャニャニャ」なんて鳴いて話しかけるわけではなく（中にはそのような人もいるでしょうが）、「ミーちゃんおいで」などと、いつもの言葉で話しかけているわけですが、そもそも猫は人の言葉を理解しているのでしょうか？

ここに興味深い研究結果があります。２０１９年4月、英国の科学誌に発表されたもので、飼い猫は、「自分の名前」と「一般名詞」と「同居猫の名前」を聞き分けられることが、実験で明らかになったというのです。日本の上智大学の研究チームが行ったのは要約すると次のような実験です。

飼い猫や猫カフェの猫など約70匹に、それぞれ実験の対象となる猫の名前と、同じようなアクセントや長さの単語と、同居猫などの他の猫の名前を、続けて4回呼び掛けてから、最後にその猫の名前を聞かせるというもの（すべて自動音声）。その結果、最初の4つの言葉では猫の反応がだんだん小さくなっていったのに対して、自分の名前になると反応が大きくなったそう。この実験結果から、猫は自分の名前と他の単語の違いがわかり、自分の名前を理解していることが証明できたというのです。

猫を飼っている人なら、「うちの猫は、もちろん自分の名前をわかっていますよ、何を今さら」なんて思うかもしれませんね。しかし、この研究結果が画期的だからこそ、英国の科学誌に取り上げられたともいえるでしょう。なんせ気まぐれな猫ですから、実験自体難しいわけです。

猫は音を聞き分けて単語を区別している

　翻って猫脳から考察する、猫の人の言葉に対する理解度はどうでしょうか。第１章で説明しましたが、言語機能をつかさどっている脳の部位は、大脳新皮質です。「霊長類の脳」といわれる部分で、猫にはうっすらとしかなく、あまり発達していないことがわかっています。その意味では、単語は理解できても、単語の組み合わせまではわからないのではないか、と考えられています。

　他方、猫は高い聴覚機能を誇ります（第２章参照）。人が発した言葉の微妙な音の違いも聞き分けられるため、前出の実験でも単語の違いを聞き分けている可能性があります。また、これも第１章でお話ししましたが、猫は記憶力が非常に優れているので、経験から言葉を覚えることができます。食べ物や、身の危険に関することは死活問題なので、とくによく覚えます。

　２０１１年に、米国のボーダーコリーが猛特訓によって、モノの名前を１０００個以上覚えられたとのニュースがリリースされました。猛特訓というところが犬ならではですが、脳の構造や知能については、犬も猫もさほど変わりませんから、猫もおそらく相当数の単語を覚えることができると思われます。ただ、猫には猛特訓できないのが玉に瑕（きず）なんですが……。

縄張りで生きる猫は、縄張り内の異変に敏感です。単独行動で生活してきたので、異変に気づけないと、野生では命を落とす危険性があったからです。人と暮らす猫にとって、飼い主もいわば縄張りの範疇。その意味では、日ごろから人のことをよ〜く観察しています。

人が言葉を発したとき、そのトーンや長さ、強弱、さらにその時の人のしぐさを猫は〝ガン見〟しているのです。そして言葉を状況とともに記憶し、猫脳に張り付けておき、その時々で引き出して理解しています。

言葉の理解は、経験が肝要になってくるので、飼い主は猫にポジティブな言葉をかけるときと、ネガティブな言葉を伝えるときでは、声の大きさや高低、抑揚をはっきり変えて話しかけたほうがいいですね。たとえば、猫をほめるときは、高い声でやさしく、語尾を上げながら。反対に、危険なことを諭したりする場合は、低い声で大きく語尾を下げて。

そして猫が自分の名前をわかっていると仮定すると、猫にとってマイナスな状況で名前を呼んで話しかけると、嫌な記憶として覚えてしまうので、猫の名前を呼ぶときは、ポジティブな状況のみにしたほうが身のためですね。

このような事柄からわかるのは、猫は人の発する言葉を、そのときの状況や人の様子から全体像としてどんなものか察知はできるということです。

ですが人の言葉はある程度理解していても、猫脳の構造からすると、残念ながら猫は人と会話することはできません。そりゃ当然？「いや、うちはできる」との反論が、猫の飼い主さんから聴こえてきそうですが……。

猫は人の言葉や感情は理解してくれているわけだから、それでよしとするのはどうでしょうか。猫サイドの言い分からしたら単なる縄張りチェックだとしても、側にいてじっと観察してくれている、人が言わんとしていることを理解しようとしてくれている、そう捉えることが猫と幸せに暮らす秘訣かもしれません。

犬のようなしつけが猫にできない理由

記憶力が抜群のスーパードッグの話が出たところで、よく比較されがちな、犬との違いから、猫脳を考察してみることにしましょう。古くから二大ペットとして人に親しまれてきた犬と猫。猫は、2004年の大発見により、約1万年前から人に近いところで暮らすようになったという説が有力視されていますが、犬は、その遥か昔、約2万年以上前の飼い犬の骨や歯が発見されているといいます。そして、日本においては、縄文時代には、既に犬が飼われていたことがわかっています。弥生時代のさらに前のことです。犬は家畜化された動物のなかで最も古く、人との歴史の長さからいっても、最良のパートナーといえる動物でしょう。近年、日本では猫の飼育頭数が犬を上回ったとのニュースもありましたが、それまでは長年犬のほうがペットの主役であったことは疑いがないでしょう。

犬は概して外交的で、人に従順です。そんな犬と比べられがちだから、猫は余計に気まぐれに見えるのではないでしょうか。猫が気まぐれな理由は、第4章でお話ししましたが、猫自身は気まぐれなつもりは毛頭ありません。では、同じペットという枠でも犬がしつけることができて、猫がしつけられないとされる所以はなんでしょうか。

同じ祖先から、どう分かれて進化したのか

猫と犬の違いを語るとき、基準になるのは、進化の過程で分かれた生息地域と行動パターンです。じつは犬の祖先も猫と同じ食肉目のミアキスです。そこから犬と猫の生息地域は、森と平原に分かれます。棲みついた場所により、おのずと狩りの方法も異なることに。

平原で暮らした犬は、集団で獲物を追い詰める狩猟方法を確立。群れで生きていくことになるわけです。仲間とともに狩りを成功させないと生きていけないわけですから、集団の中でおのずと自らの順位を意識するようになります。それがある種、人と共通する社会性です。

一方猫は、繰り返しますが最初は森にとどまり、待ち伏せ型の狩りを単独で行って

いました。自身で身を守り、すべて自分の判断で行動していたため、誰かに従うという習性がありません。狩猟方法の違いから、猫は犬のように誰かに命令されることを必要としていないのです。

長年身に付いた習慣はそう簡単には変えられません。人でも、集団生活が得意な人と、個人で自由に生きるほうが向く人がいるように、頭では「こうしたほうがいい」と理解していても、気質がそうさせないというのか、簡単にいうと、生き方の違いなんですね。

もっというと、人と一緒に外出するのが日常の犬は、社会生活の上でも、他人に危害を加えないように、最低限のしつけを行う義務があります。猫は、犬のように人と外出するわけではないので、そもそもしつけをする必要性も希薄です。

最近は、猫にもリードを付けて散歩させている人をよく見かけたりしますが、あれ、じつは猫にとっては非常にストレスです。「いやいや、うちの猫は散歩を楽しんでいるんですよ〜」とは、人の勝手な思い込み。

何故なら、猫は縄張りで生きる動物だからです。縄張りの外は不安なのです。もし一度散歩させてしまったなら、毎日同じ時間に必ず行かないと縄張りチェックができないので、益々猫はイライラしてしまいます。外に連れ出したいなら、猫自身だけで行かせるのが本来は理にかなっています。なんせ自由を好む「単独生活者」だからです。

猫と犬でよく比較されるのが、トイレのしつけでしょう。「猫は教えなくてもすぐ覚えるのに、犬はなかなか覚えが悪い、だから猫のほうが賢い」、などという話が巷で流布しているようですね。犬サイドから言えば、フェイクニュース！　といったところでしょうか。

トイレ問題も、それぞれの行動パターンが関連しています。単独でハンティングする猫は、ライバル猫に気づかれないよう、縄張りの中心部では自らのニオイを消す必要がありました。必死で毛づくろいするのも、そのためです。決まった場所で排泄をし、砂や土をかけてニオイを消すのも同じ理由です。ですから猫は、もとの習性があるので、トイレの場所さえ教えれば、そこで排泄してくれるわけです。

一方犬は、平原で仲間と移動しながら生活していたので、決まった場所で排泄する習性がもともとありません。だから犬のほうがトイレを覚えさせるのは大変なんですね。ただし、犬は人の指示に従うことができるので、しっかり教えることもまたできるわけです。猫はそういきません。人をリーダーと思っていませんから、指示をして何かをしつけることは犬ほどうまくはいかないでしょう。その意味では、トイレのしつけが必要なくて本当に良かったと、猫の飼い主は思っているかもしれませんね。

いずれにしても、犬も猫も学習能力が高いので、人との生活のなかで最低限のルールを覚えることはできるでしょう。しかしながら、動物としての習性は直せることではありません。犬にしても猫にしても、本来の種がもつ習性をしっかり理解して、人のほうが寄り添う関係を構築していきたいものです。

飼い主が困る猫の行動にはちゃんとワケがある

教えなくても猫がトイレを覚える理由は、残念ながら（?）猫の知能が高いわけではなかったですね。一定の場所で排泄をする猫の習性を有難く思っている飼い主は多いことでしょう。それくらい、猫のオシッコは強烈な臭いを放っているのです。

猫と暮らす中で、されると一番ダメージが強いのが、オシッコの粗相なのかもしれません。とくに困るのが布団の上にされるオシッコ。買ったばかりの羽毛布団にされたら一巻の終わり。一度ついたニオイは、人にはわからないレベルでも嗅覚の優れた猫には全てお見通しなので、「ここは自分のニオイがついているからオシッコしていい場所」と認識し、何度も繰り返すことに。

二度と粗相されたくなかったら、一度でもニオイが付いた羽毛布団は、いくら高級でも廃棄せざるを得ないのです。布団は高級素材を使えない、コレ、「猫飼いあるある」でしょうか。

猫が布団にオシッコをする理由としては、ふかふかした感触がトイレ砂に似ている、オシッコが染み込むので足が濡れない、暖かくて気持ちいいから尿意を催す、などが考えられます。

この猫のオシッコのニオイ、迷惑千万なのは飼い主のみならず、猫嫌いの要因のひとつになっているようですね。庭にノラ猫が入ってきて、強烈な臭いのオシッコをされたら、そりゃあ、悲しいでしょう。ついカッときてしまうのも無理はないですね。猫がトイレ以外でオシッコするときには、必ず何らかの理由があるといわれます。とくにニオイが強烈な場合は、マーキングの意味がほとんどを占めます。

マーキングとは、自分のニオイを付けて縄張りを主張する行動。オシッコ以外にも、身体や頬をこすり付ける、爪とぎをする、などがあります。オシッコのマーキングのことをスプレーといい、去勢していないオスによく見られますが、去勢手術をしているオスでも、避妊手術をしているメスでも見られます。

オシッコの粗相、その原因は?

10年ほど前に、スプレーの強烈な臭いの成分を、岩手大学と理化学研究所が突き止めたことが話題に上りました。猫のオシッコの臭いの元は、フェリニンというアミノ酸の一種で、コーキシンというタンパク質が、フェリニンの生成を促していることが判明したのです。何でもチェックする猫の好奇心の強さからネーミングされたという

この物質、猫の性フェロモンと関連があり、去勢手術をしていないオスだと、メスの

約4倍の量がオシッコに含まれているとか。この臭いのメカニズムを突き止めたことで、その後、消臭剤などの製品開発に生かされているとのことですから、飼い主にとっても、必要以上に嫌われないという意味では、猫にとっても意義のある研究だったと思います。

でもこのスプレー行動、猫なりの理由がありますから、闇雲に敵視しないでいただきたいものです。先に説明しましたが、マーキング行動であるなら、縄張りに不安が生じている表れです。猫は縄張りに異変を感じると、自分の縄張りを強く主張するために、強い臭いを残そうとするからです。飼い主としては、愛猫の縄張りに何か問題はないか、突き止めて解決策を講じたいものです。

飼い猫で、既に去勢避妊手術をしているなら、考えられる粗相の原因は、次のようなものでしょう。①同居猫で相性の悪い猫がいる、②ノラ猫の姿を家の中からよく見かける、③引っ越しや模様替えなど生活環境の変化があった、④トイレの場所が気に入らない、またはトイレが汚い、⑤刺激が足りずに欲求不満だ、⑥特定の場所やモノを間違ってトイレと覚えてしまっている、⑦嫌なニオイがあり、それを消すために上書きしている、など。結構多いですね。それだけ、猫の心模様は、繊細なのです。

オシッコの粗相以外でも、家具に爪とぎをされる、棚にあるものを落とされる、生ゴミを荒らされるなど、共に暮らすうえで、猫にして欲しくない行動はあるでしょう。しかし、先にお話ししたように、猫は犬ほど飼い主への依存度が高くなく、犬のようにしつけで行動を制限することが難しい傾向にあります。では、どうしたら困った行動をやめさせられるのでしょうか。

今一度、猫の困った行動をリストアップしてみましょう。家具にする爪とぎ、棚に上ってものを落とすなどから、興奮して人を嚙んだり引っかいたりすることまで、よくよく考えてみると、これらはすべて猫の習性なんですね。

猫のイタズラは環境整備で予防して

動物の習性は、言わずもがな、生まれつき身についている行動の形のようなものですから、抑えてしまうと、本来の動物らしさ、猫らしさが失われてしまいます。本来の習性による行動が思い切りできないと、ストレスがたまり、余計に問題行動へと走

家具に爪とぎされたくないなら、爪とぎ器を充実させて

ってしまう危険もあります。とはいえ、習性をそのまま好き放題やらせてしまうと人が困ることになるわけですよね。だとしたら、習性の発散方法を一工夫すればいいのです。指示しつけが難しい猫に必要なのは、いわば環境整備です。

たとえば、家具に爪とぎをして欲しくないなら、その場所をブロックすると同時に、他に爪とぎしてもいい場所をたくさん作って、思い切りやらせてあげましょう。そして爪とぎされたくない場所をブロックする際、ポイントは、猫自らの意思で「その場所では爪とぎしない」と判断させることです。飼い主がダメダメなどと追い払ったり、怒ったりしていると、飼い主を嫌なことと記憶して、信頼関係が崩れる可能性があるからです。第1章でお話ししたように、猫脳は記憶力に優れ、とくに嫌なことを覚えやすく、一度覚えると長い間忘れないという特徴があります。

何度も言うようですが、基本的に猫は自由を好み、押さえつけられることを嫌う動物です。人が猫と暮らすうえで忘れてはならないのは、猫のペースを尊重し、人が困らない方向へ猫の行動を自然と導けるような環境を整えることなのです。

変化に敏感だからストレスを感じやすい

来客があるとすぐ隠れる、何かあると「シャーッ」と威嚇するなど、猫は神経質なイメージがあり、ストレスに弱いともいわれます。ですが、本当にそうでしょうか？

猫は五感が非常に優れていて、人にとっては些細なことでも、鋭敏に反応します。また、記憶力が優れ、嫌なことをいつまでも覚えています。記憶にあるのと同じような状況を素早く察知すると、すぐ恐怖を感じてしまいます。猫脳の観点からすると、人よりも大脳辺縁系が発達しているため、扁桃体がよく働いて、恐怖や不安を感じやすいという点もあります（第1章参照）。

いわば、猫はストレスに弱いというより、ストレスを感じやすいのでしょう。人でも、不安を感じやすかったり、様々な事を気にしたりする繊細な人のほうが、ストレスを感じやすいともいわれるように、感覚が鋭い動物であるゆえの苦悩といえます。

猫は縄張りで生きる動物です。縄張り内で食事や繁殖の相手を探し、生きてきました。縄張り内に他の個体が入ってくると、食料も奪われる可能性があり、生命を脅かされる危険大です。その意味でも毎日パトロールをして必死に縄張りの安全を守ろうとします。

猫にとっては、いつも通りに縄張り内が保たれていることが安心かつ平穏なのであって、いつもと違うことは全てストレスになるのです。

地域によって差はあると思いますが、現在、猫の飼い方は、室内飼いが主流になってきています。そうすると、猫の縄張りは人と暮らす家の中。人にとっては気にならないような事でも、人より優れた感覚をもつ猫には大ごとになります。

たとえば、聴覚。猫の可聴域は人の3倍以上ですから、お父さんのくしゃみでも、猫にとっては爆発音のように聞こえるわけですね。掃除機の音やチャイムの音を嫌がる猫が多いのは、猫には不快な騒音以外の何物でもないからでしょう。さらに機械音は自然界にない音なので、なかなか慣れにくいことも嫌いな理由の一つかもしれません。

同じように、嗅覚も人の20万～30万倍以上と高い能力を誇る猫のことですから、犬ほどではないにしろ、ニオイには敏感です。宅配便や飼い主の持ち帰ったバッグをクンクンとしつこくチェックしている猫の姿を見たことがある人もいるでしょう。新しくやってきたニオイにいちいち猫の心はかき乱されてしまうのです。芳香剤や香水も猫にとっては刺激が強すぎるニオイなので、アロマもそうですが、猫のいる場所では使わないほうが賢明でしょう。

とはいえ、やはり室内飼いの猫にとっての一番のストレスは、縄張りの異変である、環境の変化でしょうか。引っ越しや模様替え、家族構成の変化、来客、新しい猫の加入。動物病院へ連れて行かれることも、縄張りから出されることなので、強いストレスになるんですね。

猫はこまめにストレス発散している

人との日々の暮らしのなかに、こんなにストレス要因があるなんて、飼い主はひたすら悲しいですね。でも大丈夫、猫はこまめにストレス発散する術も身につけていま す。

気持ちよく眠っていたところを、突然の来客に起こされた、飼い主に望まぬ抱っこをされて拘束された、ジャンプに失敗した、このようなどちらかというと一時的に感じるストレスの際、猫は変わった行動をとります。急に毛づくろいをしだしたり、大きなあくびをしたり、爪とぎをしたりするのです。前後の行動とは全く脈絡なくする行動で、これを「転位行動」といいます。日常よくする行動をとることで、イライラを抑え、心の平穏を保とうとしているのです。

緊張した人がやたら頭をかいたり、電話で嫌なことを言われているときにメモ用紙に全く関係ない落書きをしたりする人の行動も、同様の転位行動です。無意識のうち

大きなあくびも転位行動のひとつ

に、心を落ち着かせようとしているのですね。この転位行動一つとっても、猫と人はよく似ているといわれる所以なのかもしれません。

ただ、そうやってこまめにストレスを発散していても、なかには避けられないストレスもあるでしょう。相性の悪い同居猫がいる、などがそれに当たります。長く継続してストレスを受けた場合、猫の健康は害されてしまいます。ストレスを受け続けた猫はどうなってしまうのでしょうか？　猫脳で振り返ってみましょう。

第1章でお話ししたように、ホルモンをつかさどっているのは、脳の第一層にあたる爬虫類脳である脳幹の視床下部で、自律神経に関わっている領域です。猫がストレスを受けると、脳からの指令で、副腎皮質刺激ホルモンが分泌されます。次にこのホルモンによって副腎皮質ホルモンが分泌されるのですが、その一種である糖質コルチコイドが分泌され過ぎてしまうと、血糖量が上昇して免疫力を下げてしまうのです。免疫力が低下すると、ご存知のように、様々な病気にかかりやすくなります。なかでも猫でストレス性の病気として心配されるのが、胃腸炎、過剰なグルーミングによる舐性（しせい）皮膚炎、尿が出にくくなる特発性膀胱（ぼうこう）炎です。

マイペースで自由にやっているように見える猫が、家の中でストレス性の病気にかかってしまうなんて、なんとも悲しいものですね。飼い主としては、猫以上に猫の様子をよく観察して、ストレス要因となっているものはなるべく遠ざける、そして猫が安心できる隠れ場所を用意する、といった対策をとってあげたいものです。

人が猫と暮らすうえで、何のトラブルもなく生活できるものでしょうか。人間同士だってそうそう上手くはいきません。ましてや種の異なる動物ですから、お互いを理解し合うことが肝要です。近年、人と猫との距離は縮んでいるのでしょうが、安易な擬人化はいけません。猫は猫として、その習性を尊び、やはり一定の距離を保って付き合っていきたいものですね。それがお互いのためにもなるのではないでしょうか。

コラム⑤　ウンチは猫の主張です

本章で、オシッコの粗相についてお話ししましたが、それと同様、ウンチにも猫のココロ粗相という形になっているとご説明しましたが、それと同様、ウンチにも猫のココロ模様が表れます。

知人の飼い猫の話です。世界中の街で、自由に生きる猫に迫った人気テレビ番組がありますよね。その番組を知人夫婦が観ていたときのこと、画面から流れてきたオス猫の声に反応し、近くにいた愛猫のオス猫リーくんがテレビ画面に近づいて行ったそうです。

画面に大写しにされたオス猫に襲い掛かるくらいの勢いだったとか。知人夫婦はといえば、そんなリーくんの様子を「(1匹飼いなので)やっぱりお友達が欲しいのかな」などと笑いながら眺めていたといいます。そして映像が切り替わって画面から猫が消えても、リーくんのソワソワは続いたそうです。

ちなみにその知人宅のテレビは49インチ、４Ｋ画像に加え、スピーカーも外付けで加えられた、まるでミニシアターのような装置ということで、臨場感もリーくんにとってみたら半端なかったのでしょうね。

話はここから佳境です。翌日、テレビがあるリビングではなく、リーくんを出入りさせている別の部屋が臭うことに気づいた知人。ニオイのありかを突き止めると、放置していた荷物が入った段ボール箱に、リーくんのでっかいウンチがあったというのです。猫トイレはリビングに置いてあり、知人曰く掃除も欠かすことなく、ましてやリーくんに粗相癖もなかったといいます。

もうお気づきですね。このウンチの粗相は、まさしくマーキングです。家の中に、見知らぬ猫が入ってきたと感じたリーくんは、不安になり、ウンチで自己主張したのです。オシッコよりさらに強烈な臭いをさせて「ここは自分の縄張りだぞ」とアピールしたのでしょう。テレビ画面の猫を実在と勘違いして、強く牽制したわけです。

野生の猫でも、同様のことが見られます。優位にある猫のほうが、ウンチには砂をかけずにそのまま放置します。場合によっては高い場所などにあえてウンチをして、より臭うようにアピールすることもあるのです。

飼い猫が、ウンチをしたあと、丁寧に砂をかけるのは、自らのニオイを消す習性でもありますが、自らの劣位表明でもあります。誰より劣位って？　それは飼い主です。飼い猫は、体格がよくて食べ物を与えてくれる飼い主のことは、自分より優位だと認めているのです。ですから、飼い猫は、通常ウンチ後はトイレの砂で必死に埋めているはず。

もしウンチを埋めなくなったら……それこそは、物言わぬ猫の主張ですから、何か不安な状況にさせていないか、飼い主は胸に手を当てて考えてみるといいでしょう。

あとがき

哺乳動物学者として、猫に魅せられて約半世紀が経とうとしています。

こうして改めて猫の行動を脳科学から振り返ってみると、また新たな発見があり、私自身にとっても興味深い作業でありました。本書でも何度か説明いたしましたが、猫という動物については、なかなか研究が進んでおらず、推測でお話しするしかない箇所もあり、断定できないもどかしさがあったのも事実です。

ただ、本書では、現時点で判明している「猫脳」と、それゆえの猫の行動の不思議を、できるだけわかりやすく記したつもりです。

最近、わかってきた猫の生態の新事実に、オス猫の育児への積極的な参加がありました。これまで、父となったオス猫は、メス猫や子猫から離れる、むしろ近づかないというのが定説でした。子猫に近づくと、母猫が強く怒ったり、そもそも近づけなかったり。そして父猫による子殺しのリスクも考えられたのです。

それは、群れを作るライオン以外のネコ科動物にみられるオスの行動で、メスは子猫を育てる間は、オスを寄せ付けません。ですが、子猫がいなくなると発情します。オスは、子猫を殺すことで、自分の遺伝子を新たに残せるという原理で、子殺しをするといわれてきたのです。今までの事例から鑑(かんが)みて、猫が夫唱婦随で子育てを行うなど、考えられない現象でした。しかし近年の調査で判明したオス猫のこのような行動、なんというか人間的な側面が見られたことは、私にとっては新鮮な驚きでした。

このように、これから更に、新しい事実が判明することを願いたいところです。いや、でもわからない部分が多いから、猫は魅力的なのかもしれませんが……。

本書を上梓するにあたっては、文春新書編集長の前島篤志さん、担当編集の柳瀬篤子さん（シーオーツー）、岡田小百合さんにはたいへんお世話になりました。記して謝意を表します。そして、地球上のすべての猫たちに、心よりお礼を申し上げます。

２０１９年８月

今泉忠明

主要参考文献（著者名の五十音順）

今泉忠明『図解雑学　最新　ネコの心理』(2011、ナツメ社)

今泉忠明『図解雑学　ネコの心理』(2006、ナツメ社)

今泉忠明『猫はふしぎ』(2015、イースト・プレス)

今泉忠明『飼い猫のひみつ』(2017、イースト・プレス)

加藤正明・保崎秀夫・三浦四郎衛・大塚俊男・浅井昌弘監修『精神科ポケット辞典〈新訂版〉(2006、弘文堂)

坂元志歩、大阪大学蛋白質研究所監修『いのちのはじまり、いのちのおわり』(2010、化学同人)

佐々木文彦『楽しい解剖学　猫の体は不思議がいっぱい！』(2011、学窓社)

スチュアート・シャンカー　小佐田愛子訳『「落ち着きがない」の正体』(2017、東洋館出版社)

STEPHEN G. GILBERT　牧田登之監訳『猫の解剖図説 PICTORIAL ANATOMY OF THE CAT』(1991、学窓社)

谷口研語『犬の日本史』(2000、PHP研究所)

中野信子『サイコパス』(2016、文藝春秋)

長谷川篤彦監修、田中亜紀訳『猫の内科学ノート』(2005、学窓社)

林良博監修『イラストでみる猫学』(2003、講談社)

ポール・D・マクリーン　法橋登編訳・解説『三つの脳の進化　新装版』(2018、工作舎)

山根明弘『ねこの秘密』(2014、文藝春秋)

参考論文

小林愛『日常的な関わり方と人と猫の情緒的結びつきに関する研究』(2017、麻布大学大学院 獣医学研究科 動物応用科学専攻 博士後期課程 介在動物学)

佐藤昭夫『大脳辺縁系と情動』(2003、「人間総合科学」第5号)

理化学研究所・岩手大学『ネコの尿臭の原因となる化合物を生産するメカニズムを解明―タンパク質「コーキシン」が臭いのもと「フェリニン」の生産を酵素として制御―』(2006、報道発表資料)

参考ウェブサイト

朝日新聞DIGITAL
https://www.asahi.com/articles/ASM444G9RM44ULBJ007.html

CATS INTERNATIONAL
http://catsinternational.org/the-intelligent-cat/

脳科学辞典
https://bsd.neuroinf.jp/

BBC NEWS JAPAN
https://www.bbc.com/japanese/36285464

PR TIMES
https://prtimes.jp/main/html/rd/p/000000010.000026724.html

構成・編集／柳瀬篤子（株式会社シーオーツー）
編集協力／岡田小百合
カバー、帯＆本文イラスト／山村真代
図版制作／米谷洋志　写真提供／後藤さくら
ＤＴＰ／東京カラーフォト・プロセス株式会社

今泉忠明（いまいずみ　ただあき）

哺乳動物学者。「ねこの博物館」館長。1944年東京生まれ。東京水産大学（現・東京海洋大学）卒業。国立科学博物館で哺乳類の分類学、生態学を学ぶ。文部省（現・文部科学省）の国際生物学事業計画（IBP）調査、環境庁（現・環境省）のイリオモテヤマネコの生態調査などに参加する。トウホクノウサギやニホンカワウソの生態、行動などを調査している。上野動物園の動物解説員を経て、現在は奥多摩や富士山の自然、動物相などを調査している。『おもしろい！　進化のふしぎ　ざんねんないきもの事典』（高橋書店）など著書・監修多数。

文春新書

1232

猫脳（ねこのう）がわかる！

2019年9月20日　第1刷発行

著　者　今泉忠明
発行者　大松芳男
発行所　株式会社　文藝春秋

〒102-8008　東京都千代田区紀尾井町3-23
電話（03）3265-1211（代表）

印刷所　大日本印刷
製本所　加藤製本

定価はカバーに表示してあります。
万一、落丁・乱丁の場合は小社製作部宛お送り下さい。
送料小社負担でお取替え致します。

ISBN978-4-16-661232-1

◆教える・育てる

幼児教育と脳　澤口俊之
子どもが壊れる家　草薙厚子
人気講師が教える理系脳のつくり方　村上綾一
英語学習の極意　泉　幸男
語源でわかった！英単語記憶術　山並陞一
語源の音で聴きとる！英語リスニング　山並陞一
外交官の「うな重方式」英語勉強法　多賀敏行
ブラック奨学金　今野晴貴
文部省の研究　辻田真佐憲
僕たちが何者でもなかった頃の話をしよう　山中伸弥・羽生善治・是枝裕和・山極壽一・永田和宏
続・僕たちが何者でもなかった頃の話をしよう　彬子女王・大隅良典・永田和宏・池田理代子・平田オリザ・

◆サイエンス

サイコパス　中野信子
不倫　中野信子
「大発見」の思考法　山中伸弥・益川敏英
生命はどこから来たのか？　松井孝典
数学はなぜ生まれたのか？　柳谷　晃
ねこの秘密　山根明弘
粘菌　偉大なる単細胞が人類を救う　中垣俊之
ティラノサウルスはすごい　小林快次監修・土屋健
アンドロイドは人間になれるか　石黒　浩
植物はなぜ薬を作るのか　斉藤和季
超能力微生物　小泉武夫
秋田犬　宮沢輝夫